照明技术与照明设计

主　编　刘登飞

副主编　陈文涛　盛传新

参　编　熊　宇　朱　俊　熊大章　沈燕君

机械工业出版社

本书以照明技术领域实际应用广泛的典型产品为载体，主要设计了照明技术中的基本概念、照明中常用的光学器件、照明光学设计、照明散热系统设计、光源灯具设计、照明光环境设计、照明产品设计案例等七个项目，将照明技术与照明设计必要的基本理论知识（光度学、色度学、电学以及热学）以及应用实例分别融入各项目中。每个项目遵循"学以致用、理实一体"的原则，以"产品-技术-设计方法-应用"为主线展开介绍。

　　本书针对职业技能的需求，注重知识的实用性和学习的认知规律，对复杂的计算及推导进行了简化，增加了相关照明产品的具体资料和参数等具有实用价值的内容，对实践具有指导性和可操作性。

　　本书适合照明技术领域的技术人员学习，也可作为职业院校光电技术类专业、照明类专业的教材。

图书在版编目（CIP）数据

照明技术与照明设计/刘登飞主编. —北京：机械工业出版社，2021.12
（2023.7 重印）

ISBN 978-7-111-69509-7

Ⅰ.①照…　Ⅱ.①刘…　Ⅲ.①照明技术 ②照明设计　Ⅳ.①TU113.6

中国版本图书馆 CIP 数据核字（2021）第 222811 号

机械工业出版社（北京市百万庄大街 22 号　邮政编码 100037）
策划编辑：付承桂　　　　责任编辑：付承桂　翟天睿
责任校对：刘雅娜　肖　琳　封面设计：马若濛
责任印制：单爱军
北京虎彩文化传播有限公司印刷
2023 年 7 月第 1 版第 3 次印刷
169mm×239mm · 11.5 印张 · 188 千字
标准书号：ISBN 978-7-111-69509-7
定价：52.00 元

电话服务　　　　　　　　网络服务
客服电话：010-88361066　机 工 官 网：www.cmpbook.com
　　　　　010-88379833　机 工 官 博：weibo.com/cmp1952
　　　　　010-68326294　金　书　网：www.golden-book.com
封底无防伪标均为盗版　机工教育服务网：www.cmpedu.com

当前，全球能源紧张、环境恶化，能源与环境问题已经成为人类生存和可持续发展中面临的重要问题，节能减排刻不容缓。以 LED（发光二极管）技术为核心的绿色照明光源是一种将电能转换为光能的半导体发光器件，具有高效节能、绿色环保、寿命长、体积小、响应速度快、低压直流驱动、安全和性能稳定等优点，属于真正的绿色节能照明光源，被认为是 21 世纪最有前景的新型光源，将取代白炽灯和荧光灯成为照明市场的主导，使照明技术面临一场新革命。

如今，人们对照明效果的要求越来越高，照明光学设计的需求也越来越大。对于住宅居所、工作学习环境、商业空间和文化设施等不同环境，通过科学的照明设计，不仅需要满足视力健康的照明，而且需要改善和提高人们工作、学习、生活的照明条件和质量，从而创造一个高效、舒适、安全、经济，有益于环境并充分体现现代文明的照明环境。

本书依据创新精神的高素质复合型技术技能人才培养目标，以培养与工作过程紧密相关的综合职业能力的职业实践为指导编写而成。编写过程中遵循"学以致用、理实一体"的原则，注重"科学性、实用性、通用性、新颖性"，力求做到学科体系为重、理论联系实际，展现实现新技术的发展；加强实践能力的培养，并在培养实践能力的过程中提高创新素质以及诚信敬业、团队合作等职业素质。

本书以照明技术领域实际应用广泛的典型产品为载体，将照明技术与照明设计必要的基本理论知识（光度学、色度学、电学以及热学）和设计实例分别融入常用的光学器件、光学设计、散热系统设计、灯具设计、光环境设计和产品设计案例等各个项目,全书共七个项目,每个项目开始处设置了"任务导入与项目分析",然后以"产品-技术-设计方法-应用"为主线展开介绍。

本书具有以下特点:

1)所选项目载体与工业生产和日常生活结合紧密,典型实用,易于激发学习兴趣。

2)本书内容以完成工作任务为目标,结构上以工作过程为导向,循序渐进,强调"教、学、做"一体化,符合学习认知规律。

3)本书在表现形式上,采用了直观的图形,图文并茂,增加了本书的可读性。

本书适合照明技术领域的技术人员学习,也可作为职业院校光电技术类专业、照明类专业的教材。

本书由职业技术学院教师和企业技术人员合作编写,由中山火炬职业技术学院的刘登飞担任主编,陈文涛、盛传新担任副主编。参加本书编写工作的还有中山火炬职业技术学院的熊宇、朱俊,中山市达尔科光学有限公司的总经理兼工程师熊大章,宁波职业技术学院的沈燕君。

在编写本书的过程中,参考了许多同行专家的论著、教材和文献,在此表示诚挚的感谢。

由于编者水平有限,书中难免有疏漏之处,敬请广大读者批评指正。

编　者

CONTENTS ▮▮▮

｜目录

绪　　论

一、什么是照明

近年来，我国的照明事业不断发展，照明的需求也不断提高。传统的成像光学设计在很多照明应用领域已不适用，非成像光学设计则应运而生。

一直以来，光学设计都被认为仅仅是镜头设计或成像设计，但从近一二十年的发展来看，光学设计已包括了照明设计这个子领域。照明设计主要关注的是光源到目标之间的可见光或辐射的传输问题。

可见光的有效传输在成像系统中是必需的，但是这些系统均受到成像要求的限制。为高效传输光线，照明系统可以忽略成像约束。因此，"非成像光学"一词经常出现在照明系统中。按以上所述，光学系统设计大致可分为以下四类：

1）成像系统设计。这类设计通常有一定的成像要求，如焦平面相机设计。

2）可见光成像系统设计。主要考虑某些集成观察系统的整体成像要求，如望远镜、照相机取景器和显微镜等，这些均是需要人眼来直接面对成像对象的光学系统。

3）可见光照明系统设计。可见光照明系统即有一定成像要求并充当光源的光学系统，如显示器、照明设备以及复印机的照明光源等。

4）不可见光照明系统设计。该类系统无成像要求，如太阳能集束器、激光泵浦腔以及其他光学传感器应用领域。

上述后面两个系统即属于照明工程领域。成像系统虽也可实现照明要求，但在某些特殊应用情形下，如制版行业中需用到的临界照明和柯勒照明，需要许多基于非成像光学原理的替代方法。本书重点阐述使光线在光源与目标之间进行有效传输的照明技术，即非成像技术，偶尔也会采用成像原理来改善传输效果。非成像光学系统包含三个部分，即光源、光学器件和接收面。与传统成像光学设计重点关注成像质量（即物象之间一一对应关系和映射的不失真）不同，非成像光学设计的研究重点在于光学系统对光能量传输的控制。此外，对观察者未设置任何要求，但大多数照明光学实际上是默认了观察者是人眼或一个光电成像系统（如相机）。如果忽视必要的可视化和视觉特点则会影响照明系统的性能。从这一点来看，照明设计也有一些主观的因素。

本书多次交替使用"照明"和"非成像"这两个术语，但严格讲，照明的广义概念包含了非成像和成像两种方法。

本书主要介绍照明技术光学领域的一些常见的物理量和基本概念，以及照明技术与照明设计相关的光色度分析、光学设计、灯具散热系统设计和照明产品设计案例等。

二、照明技术的发展

在人类发展史上，从采集天然火源到钻木取火，光源经历了无数的变化。照明的发展见证了人类历史的进步。火在人类历史上扮演着重要的角色，因为它为人类提供食物、温暖和光亮。火的使用伴随着人类文明的巨大进步。在 18 世纪之前，火一直是人类的照明工具，从火炬、动物油灯、植物油灯发展到蜡烛，再到广泛使用的煤油灯，人类从未停止探索新的照明方法。在油灯的使用过程中，灯芯由草芯发展到棉芯，再发展到多股棉芯。大约在公元前 3 世纪，人们用蜂蜡制作蜡烛。在 18 世纪，人们用石蜡制作蜡烛，机器的使用使得大量生产蜡烛成为可能。在 19 世纪，英国人发明了最初用作路灯的煤气灯。由于它的火焰闪烁，熄灭时会产生有害气体，这种煤气灯不安全，室内使用非常危险，因此，经过改进，煤油灯在成千上万的家庭中取代了煤气灯。这些光源都是依靠燃烧材料的火焰来提供光。18 世纪，电的发明极大地促进了社会的发展，为照明带来了新的机会。1809 年，英国的戴维·汉弗莱（David Humphrey）发明了弧光灯，这种灯利用一种电光源，这种光源是在空气中的两个电极通电后，将两个接触的碳棒电极分离而产生的。在白炽灯发明之前，它被用于公共场合，是第一个用于实际照明的电光源。但是，由于燃烧时会发出嘶嘶声，而且光线太亮，故不适合室内照明。1877 年，一位俄国人通过修改弧光的结构发明了电蜡烛，但其性能并没有得到改善。那时，许多科学家开始探索一种新的、安全的、温暖的光源。

经过长时间的试验，美国发明家托马斯·爱迪生（Thomas Edison）于 1879 年 10 月 21 日点亮了世界上第一盏有实用价值的灯。在这一过程中，爱迪生认真总结了以往电灯制造试验的失败，并制定了详细的实验计划。爱迪生试验了多种植物，并决定在竹丝碳化后使用竹丝。电灯泡生产后的可用照明时间增加到 1200 小时。这种竹丝灯的使用时间超过了 20 年。1906 年，爱迪生使用钨丝提高了电灯泡的质量，这就是沿用至 LED 照明普及之前一直使用的白炽灯，如图 0-1a 所示。

1959 年，卤钨循环理论被发现，帮助发明了卤钨灯，其发光效率优于普通白炽灯，如图 0-1b 所示。

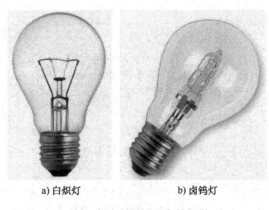

a) 白炽灯　　　　　　　b) 卤钨灯

图 0-1　常见白炽灯和卤钨灯外形

白炽灯的发明照亮了全世界，但从能源利用的角度来看，却存在着严重的缺陷，只有 10%~20% 的能量转化为光，其余的能量以热的形式散失。为了更好地利用能源，科学家们开始了探索新的照明灯具的旅程。1902 年，彼得·库珀·休伊特（Peter Cooper Hewitt）发明了汞灯，它的光伏效率大大提高，但有明显的缺点，它辐射了大量的紫外线，对人体有害，而且光线太强，因此并没有被广泛使用。

1910 年，霓虹灯投入使用，这种光源的光是在玻璃管内低压惰性气体的高压场中由冷阴极辉光放电发出的，惰性气体的光谱特性决定了氖的颜色。

汞灯进一步引起了许多科学家的兴趣，他们发现，只要在汞灯管的内壁涂上荧光材料，那么当水银的紫外线投射在上面时，大量有害的紫外线就会被激发成可见光。然而，由于水银的启动装置较差，科学家们在实际操作中遇到了一系列的故障。1936年，乔治·E. 英曼（George E. Inman）和其他研究人员利用一种新的启动装置生产了不同于汞灯的荧光灯。这种荧光灯的制作方法是：在玻璃管中注入一定量的汞蒸气，在管壁内涂上荧光粉，并在管的两端各安装一根灯丝作为电极。这种荧光灯的光比白炽灯还亮。它有更高的能量转换效率，更大的照明面积，并可以调整成不同的光色，因此它一发明出来就进入了普通人的家中。由于荧光灯的成色与白天类似，所以也被称为日光灯。

荧光灯中的汞会造成环境污染，因此，照明科学家和制造商开始寻找新的照明光源。在20世纪60年代后期，出现了高压气体放电灯，如高压钠灯（见图0-2）和金属卤化物灯。

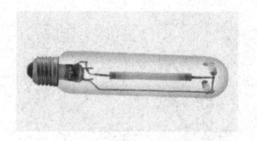

图 0-2 高压钠灯外形结构

早在1907年，亨利·约瑟夫·朗德（Henry Joseph Round）在研究碳化硅（SiC）接触点上的非对称电流路径时，发现SiC晶体发出黄光。第一个二极管应该叫作肖特基二极管，而不是pn结二极管。半导体发光原理真正应用于发光二极管（Light-Emitting Diode，LED）是从20世纪60年代初开始的。美国通用电气（General Electric，GE）公司的尼克·霍洛尼亚克（Nick Holonyak Jr.）利用气相外延技术并使用砷化镓（GaAs）开发了第一个商用发红光的GaAsP LED，当时产量很低，价格却很高。1968年，美国孟山都（Monsanto）公司成为第一个生产LED的商业实体，它开始建立一个工厂来生产低成本的GaAsP LED，这开启了固态照明的新时代。从1968年到1970年，LED销量每隔几个月就会翻一番。在此期间，这家公司与惠普（Hewlett-Packard，HP）公司合作降低了LED生产成本，提高了性能，其商业化生产的GaAsP/GaAs LED器件成为市场的主导产品。然而，在那个时期，这些发红光LED的光效为0.1lm/W，远低于平均光效为

15lm/W的白炽灯。孟山都公司的技术骨干 M. 乔治·克拉福德（M. George Craford）为 LED 的发展做出了巨大贡献，他和他的同事在 1972 年成功开发出了黄光 LED，他们采用的方法是在 GaAs 衬底上生长氮掺杂 GaAsP 激发层。几乎在此期间同时出现了氧化锌（ZnO）掺杂红光磷化镓（GaP）LED 和 n 掺杂绿光 GaP LED 两种器件，它们都是通过液相外延（Liquid Phase Epitaxy，LPE）生长的器件。因此，孟山都公司的研究团队采用气相外延法，将氮掺杂到 GaAsP 中，可以生产出发红光、橙光、黄光和绿光的 LED 器件。

1972 年，哈密尔顿（Hamilton）公司生产了第一款带有 LED 显示屏的数字手表。20 世纪 70 年代中期，德州仪器（Texas Instrument，TI）公司生产了便携式数字计算器，惠普（HP）公司有一个由红光 GaAsP LED 组成的七段数字显示器。然而，当时 LED 显示屏的功耗非常大。因此，对液晶显示屏（Liquid Crystal Display screen，LCD）功耗的需求在 20 世纪 70 年代晚期时非常强劲。在 20 世纪 80 年代早期，液晶显示器很快取代了 LED 在计算器和手表上的显示。

生产第一台彩色电视机的公司是美国无线电（Radio Corporation of America，RCA）公司，它在 1972 年 7 月采用金属卤化物气相外延（Metal Halide Vapor Phase Epitaxy，MHVPE）生长和掺镁的氮化镓（GaN）薄膜获得发射波长为 430nm 的蓝光和紫外光。20 世纪 80 年代早期的一项重大技术突破是开发出一种发光效率可达 10lm/W 的 AlGaAs LED。这一技术的进步使 LED 应用于户外运动信息显示，以及安装在汽车尾部中央顶端的停止灯等照明设备中。

从 20 世纪 80 年代末到 2000 年，由于 AlGaInP 材料技术、多量子阱激发区、GaP 透明衬底技术等 LED 新技术的发展，裸芯片（即未封装其他材料的芯片）的尺寸和形状得到了进一步的发展。在 20 世纪 90 年代早期，惠普和东芝成功地开发出了采用金属有机化学气相沉积（Metal Organic Chemical Vapor Deposition，MOCVD）技术制备 GaAlP LED 器件。特别是在克拉福德（Craford）等人成功开发出透明衬底技术之后，由于其发光效率高、色域广而得到了广泛关注和迅速发展。其发光效率提高到 20lm/W，超过了白炽灯的发光效率。近年来，倒装结构等技术的应用进一步提高了发光效率。1993 年，中村修二（Shuji Nakamura）等人在日本日立公司采用双流 MOCVD 技术解决了 p 型 InGaN 材料的退火工艺。随后，他们成功开发出了以蓝宝石为基材的超高亮度蓝光 LED 器件。很快，绿光和蓝绿光 LED 的研究也相继开启。当时，高亮度 GaInN 绿光 LED 在交通信号灯中得到了广泛的应用，但早期 n 掺杂的 GaP 绿光灯由于其发光效率低而受到限制。1996 年，日亚化学（Nichia）公司推出了白光发光二极管，采用了蓝光 LED 芯片，芯片上覆盖了主要由钇铝石榴石（Yttrium Aluminium Garnet，YAG）组成的荧光粉。不久之后，美国的科锐（Cree）公司还采用了以 SiC 为衬底的 InGaN/SiC 结构蓝绿光 LED 器件。经过不断改进，该器件性能与蓝宝石衬底器件相同。近年来，紫外（UV）LED 技术的研究也取得了显著进展，从而为新型白光器件奠定了基础。

上面提到早期 LED 照明芯片技术主要有日本公司垄断蓝宝石衬底和美国公司垄断碳化硅衬底两种技术方案，但是 2012 年中国的江风益教授团队成功研发了硅衬底 LED 技术，于 2015 年一举摘下国家技术发明一等奖的桂冠，这一技术是一项改写了半导体照明历史的颠覆性新技术，并且该技术成果获得了包括诺贝尔物理学奖获得者中村修二等国际权威的认可，形成了蓝宝石、碳化硅和硅三种不同衬底半导体照明技术方案三足鼎立的局面。

随着目前 LED 技术的进步，越来越多的白光 LED 应用已逐渐替代过去的一些传统光源，包括指示器、便携式手电筒、LCD 屏幕背光板、汽车仪表、医疗设备、路灯、室内灯等。据业内人士估测，白光 LED 已经在近 10 年来广泛应用于普通照明领域，尤其是在国家节能环保、低碳经济政策驱动下加速了这一替代进程，如图 0-3 所示。

图 0-3　LED 道路照明

三、照明的种类

（一）按照明功能分类

照明的种类有正常照明、应急照明、值班照明、警卫照明和障碍照明。其中应急照明包括备用照明、安全照明和疏散照明，其适用原则应符合下列规定：

1）当正常照明因故障熄灭后，对需要确保正常工作或活动继续进行的场所，应装设备用照明；

2）当正常照明因故障熄灭后，对需要确保处于危险之中的人员安全的场所，应装设安全照明；

3）当正常照明因故障熄灭后，对需要确保人员安全疏散的出口和通道，应装设疏散照明；

4）值班照明宜利用正常照明中能单独控制的一部分或利用应急照明的一部分；

5）警卫照明应根据需要，在警卫范围内装设；

6）障碍照明的装设，应严格执行所在地区航空或交通部门的有关规定。

（二）按国际照明委员会（CIE）推荐的照明灯具分类

可分为五类，即直接型、半直接型、漫射型（包括水平方向光线很少的直接—间接型）、半间接型和间接型。

1）直接型灯具：此类灯具绝大部分光通量（90%～100%）直接投照下方，所以灯具的光通量的利用率最高。

2）半直接型灯具：这类灯具大部分光通量（60%～90%）射向下半球空间，少部分射向上方，射向上方的分量将减少照明环境所产生的阴影的硬度并改善其各表面的亮度比。

3）漫射型（直接—间接型）灯具：灯具向上向下的光通量几乎相同（各占40%～60%）。最常见的是乳白玻璃球形灯罩，其他各种形状漫射透光的封闭灯罩也有类似的配光。这种灯具将光线均匀地投向四面八方，因此光通量利用率较低。

4）半间接型灯具：灯具向下光通量占10%～40%，它的向下分量往往只用来产生与天棚相称的亮度，此分量过多或分配不适当也会产生直接或间接眩光等一些缺陷。上面敞口的半透明罩属于这一类。它们主要作为建筑装饰照明，由于大部分光线投向顶棚和上部墙面，增加了室内的间接光，光线更为柔和宜人。

5）间接型灯具：灯具的小部分光通量（10%以下）向下。设计得好时，全部天棚成为一个照明光源，达到柔和无阴影的照明效果，由于灯具向下光通量很少，只要布置合理，直接眩光与反射眩光都很小。此类灯具的光通量利用率比前面四种都低。

（三）按防触电保护分类

为了电器安全，灯具所有带电部分必须采用绝缘材料等加以隔离。灯具的这种保护人身安全的措施称为防触电保护。

根据防触电保护方式，照明灯具应分为Ⅰ类、Ⅱ类和Ⅲ类，灯具应只属于一个类别。每一类灯具的主要性能及其应用情况在表0-1中有详细的说明。

表 0-1 照明灯具的防触电保护分类

灯具等级	灯具主要性能	应用说明
Ⅰ类	不仅依靠基本绝缘，而且还包括附加的安全措施，即易触及的导电部分或外壳有接地装置，一旦基本绝缘失效时，不致有带电危险	用于金属外壳灯具，如投光灯、路灯、庭院灯等，提高安全程度
Ⅱ类	不仅依靠基本绝缘，而且还有双重绝缘或加强绝缘等附加的安全措施，提高安全性	绝缘性好，安全程度高，适用与环境差、人经常触摸的灯具，如台灯、手提灯等
Ⅲ类	依靠电源为安全特低电压（SELV），且其灯内不会产生高于SELV电压	灯具安全程度最高，用于恶劣环境，如机床工作灯、儿童灯等

为了遵循公共安全，原来分类的0类灯具已经在国际标准中消除了，因为0类灯具只依靠基本绝缘，没有附加的安全措施，万一基本绝缘失效，就只能依靠环境了。因此，0类灯具的安全程度最低，已多年不制造0类灯具了，我国标准GB 7000.1—2003中就已删除了关于0类灯具的内容。

从电气安全角度看，Ⅰ类、Ⅱ类和Ⅲ类安全性程度逐步递增，Ⅲ类安全性最高。在照明设计时，应综合考虑使用场所的环境操作对象、安装和使用位置等因素，选用合适类别的灯具。在使用条件或使用方法恶劣场所应使用Ⅲ类灯具，一般情况下可采用Ⅰ类或Ⅱ类灯具。

（四）按防护等级 IP（Ingress Protection）**分类**

按国际电工委员会标准 IEC 60529 和国标 GB 7000.1—2015 规定，根据异物和水侵入灯具外壳内部的防护程度进行分类。

表示防护等级的代号通常由特征字母 IP 跟两位数字（特征数字）组成，第一位特征数字表示灯具防尘、防异物侵入的等级，其最高级别是 6；第二位特征数字表示灯具防水、防湿气的密闭程度，其最高级别是 8。两位特征数字的含义分别见表 0-2 和表 0-3，数字越大表示其防护等级越高。如 IP65，其中第一特征位数字即与表 2 中等级 6 对应，表示尘密，即无尘埃进入完全防尘；而第二位特征数字与表 3 中等级 5 对应，表示防喷水进入，其余依此类推。

表 0-2　第一位特征数字代表的防异物等级

第一位 特征数字	防异物等级	
	简要描述	不能进入外壳的物体的简要说明
0	无防护	无特殊防护
1	防大于 50mm 的固体异物	人体的某一大面积部分，如手（但不能防止故意地接近），直径超过 50mm 的固体异物
2	防大于 12mm 的固体异物	手指或长度不超过 80mm 的类似物体，直径超过 12mm 的固体异物
3	防大于 2.5mm 的固体异物	直径或厚度超过 2.5mm 的工具、金属丝等，直径超过 2.5mm 的固体异物
4	防大于 1mm 的固体异物	厚度超过 1mm 的金属丝或细带，直径超过 1mm 的固体异物
5	防尘	不能完全防止尘埃进入，但进入量不能达到妨碍设备能满意工作的程度
6	尘密	无尘埃进入

表 0-3　第二位特征数字代表的防水等级

第二位 特征数字	防水等级	
	简要描述	外壳提供的防护类型的说明
0	无防护	无特殊防护要求
1	防滴水	滴水（垂直滴水）应无有害影响
2	防滴水倾斜不超过 15°	灯当外壳从正常位置向上倾斜 15° 时，垂直滴水应无有害影响

（续）

第二位特征数字	防水等级	
	简要描述	外壳提供的防护类型的说明
3	防淋水	与垂直60°范围以内的淋水应无有害影响
4	防溅水	从任何方向朝外壳溅水应无有害影响
5	防喷水	用喷嘴以任何方向朝外壳喷水应无有害影响
6	防猛烈海浪	猛烈海浪或强烈喷水时，进入外壳的水不应达到有害的量
7	水密型	以规定的压力和时间将外壳浸入水中时，进入的水不应达到有害的量
8	防潜水	设备应适于按制造商规定的条件下长期潜水注：通常，这意味着设备是气密的，但对某些类型设备也可允许水进入，但不应达到有害程度。

注：IP额定值不包括特别的清洁技术。必要时，建议制造商提供适当的关于清洁技术的信息。这与IEC60529内推荐的专门清洁技术相一致。

（五）按照明光源发光原理分类

可分为热辐射光源、气体放电光源和固体发光光源三大类。

1. 热辐射光源

热辐射光源是利用电流通过电阻丝发热形成的热辐射发光，主要有白炽灯和卤钨灯。白炽灯的优点是显色性好，缺点是光效低；而卤钨灯相比较白炽灯光效更高。

2. 气体放电光源

气体电光源分为低压气体电光源、高压气体电光源和辉光放电光源。

（1）低压气体电光源

低压气体电光源主要有荧光灯、紧凑型荧光灯和低压钠灯等，如图0-4所示。

1）荧光灯：利用荧光粉受电子、紫外线或X射线照射后发出可见光，其光效比白炽灯高很多。发射谱线较多为紫外光谱，感觉较冷。

2）紧凑型荧光灯：也称为节能灯，利用三种（440nm蓝色、545nm绿色、

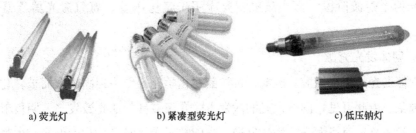

a) 荧光灯　　　　　　b) 紧凑型荧光灯　　　　　　c) 低压钠灯

图 0-4　低压气体电光源

610nm 红色）不同颜色的稀土荧光粉以适当的比例组合成的灯管，再配镇流器。紧凑型荧光灯优点有光效高（光效是白炽灯的五六倍），显色性好（显示指数在 80 以上），光衰小，发光稳定，无频闪；缺点是易破碎，有汞污染。

3）低压钠灯：利用低压钠蒸气放电发光的电光源，它玻璃外壳内壁涂有红外线反射膜。优点是光衰小，发光效率高；缺点是发单色黄光，显色性较差。

（2）高压气体电光源

高压气体电光源（简称 HID）有高压汞灯、高压钠灯和金属卤化物灯等，如图 0-5 所示。

图 0-5　高压气体电光源

1）高压汞灯：适用于室内外植物照明，发蓝绿光谱最强，所以绿色植物在此光源下色彩更接近白天看到的绿色。

2）高压钠灯：光效高，多用于道路照明。显指低，启动时间长，燃点温度很高，眩光明显。

3）金属卤化物灯：综合比较，比高压钠灯更实用，光效和显指都略高于高压钠灯，但二者都是高压气体放电灯，所以启动时间长。

（3）辉光放电光源

辉光放电是指低压气体中显示辉光的气体放电现象，即是稀薄气体中的自持放电（自激导电）现象，由法拉第第一个发现。它包括亚正常辉光和反常辉光两个过渡阶段。辉光放电主要应用于氖稳压管、氦氖激光器等器件的制造。

3. 固体发光光源

固体发光是指电磁波、电能、机械能及化学能等作用到固体上而被转化为光能的现象。由此可见，固体发光的激发方式有很多种，如光致发光、阴极射线发光、X 射线及 γ 射线发光、场致发光、高能粒子激发发光、化学发光、生物发光和摩擦发光等，其中，真空阴极射线发光、X 射线及 γ 射线激发发光、高能粒子激发发光中，粒子的能量很高，激发不均匀，它们将产生光电效应、康普顿效应、电子-正电子对、二次电子等与发光无关的效应，但经过能量调整，可以达到发光过程和光致发光类似。

场致发光又称电致发光，典型代表就是发光二极管（LED），其基本结构是一块电致发光的半导体材料。LED 光源有诸多优点，如低压供电、节能、面积小、稳定性好、响应时间极短、无污染、色彩丰富，如图 0-6 所示。早期 LED 有一个最大缺点就是价格昂贵，但是现在技术的不断成熟以及光效和光品质的不断提高，普通照明用 LED 价格昂贵这一问题得到了解决，通用照明 LED 光源得到了广泛应用。因而本书的照明设计主要是针对 LED 的二次光学设计展开的。

a) LED 灯珠　　　　　　b) LED 显示屏

图 0-6　LED 光源及应用

除了以上几大类光源外，还有一种照明光源也是很有特色的，那就是光纤照明系统。光纤照明系统是由光源、反光镜、滤色片及光纤组成的，光源通过反射镜后，形成一束近似平行光的光束，滤色片将该光束变成彩色光，彩色光随光纤到达目的地。若光源采集的是太阳光，则类似于导光管式阳光导入系统，如图 0-7a 所示。若光源经过滤色片得到某些特殊颜色的光，则还可用于装饰性目的照明用，如图 0-7b 所示。

a) 阳光导入系统   b) 光纤照明灯饰系统

图 0-7　光纤照明系统

　　光纤照明系统一般采用的光源是高亮度的点光源，反光镜是非球面反光镜，滤色片根据需要采用不同的颜色，光纤传输光由于光纤的弯曲或传输介质对光的吸收导致光能量有不同程度的损耗，所以，光纤照明系统对光的传输距离是有一定限度的，一般最远距离是 30m 左右。

项目一　照明技术中的基本概念

【任务导入与项目分析】

如今,人们对照明效果的要求越来越高,照明技术与光学设计的需求越来越大。由于照明技术与照明设计既是理论科学,又是工程技巧,理论和技巧运用不当,将带来很多问题,所以很有必要先介绍有关照明技术中常见的辐射度学、光度学、色度学等一些基本概念、基本量的定义和度量单位,以及有关的基本公式,作为研究照明技术与照明设计中辐射能计算的基础。

辐射度学是一门研究电磁辐射能测量的科学。辐射度学的基本概念和定律适用于整个电磁波段的辐射测量,但对于电磁辐射的不同频段,由于其特殊性,又往往有不同的测量手段和方法。大多对辐射度学的研究仅限于电磁辐射光学谱段内辐射能的计算与测量。光学谱段一般是指包括从波长为 0.1nm 左右的 X 射线到约 0.1cm 的极远红外的范围,如图 1-1 所示。波长小于 0.1nm 是 γ 射线,波长大于 0.1cm 则属于微波和无线电波。在光学谱段内，可按照波长分为 X 射线、远紫外、近紫外、可见光、近红外、短波红外、中波红外、长波红外和远红外。可见光谱段，即辐射能对人眼能产生目视刺激而形成光亮感和色感的谱段，一般是指波长从 380～760nm。本书中照明技术仅限于电磁辐射可见光谱段内辐射能的计算与测量。

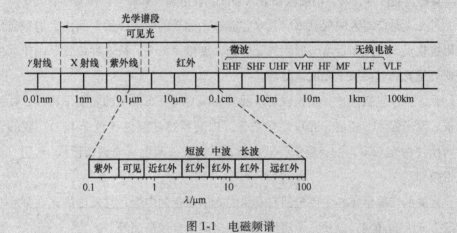

图 1-1　电磁频谱

　　使人眼产生总的目视刺激的度量是光度学的研究范畴。光度学除了包括光辐射能的客观度量外，还应考虑人眼视觉的生理和感觉印象等心理因素。

　　使人眼产生色感刺激的度量是色度学的研究范畴，主要研究人眼辨认物体的明亮程度、颜色类别和颜色的纯洁度（明度、色调、饱和度），是一门以光学、光化学、视觉生理和视觉心理等学科为基础的综合性科学，也是一门以大量实验为基础的实验性科学，解决对颜色的定量描述和测量问题。

　　20 世纪初，辐射度学和光度学在许多科学研究和应用领域，如分子物理、光谱化学分析、视觉、照明等，得到了广泛的应用。色度学最早开创于牛顿的颜色环概念。从 1931 年国际照明委员会（CIE）色度学系统建立以来，色度学在工业、农业、科学技术和文化事业等部门获得广泛的应用，指导着彩色电视、彩色摄影、彩色印刷、染料、纺织、造纸、交通信号和照明技术的发展和应用。

任务一　辐射度学与光度学

发光体实际上是一个电磁波辐射源，光学系统可以看作是辐射能的传输系统，波长在 380~760nm 范围内的电磁波称为可见光。研究可见光的测试、计量和计算的学科称为光度学，研究电磁波辐射的测试、计量和计算的学科称为辐射度学。

可见光是能对人的视觉形成刺激并能被人感受的电磁辐射，因为人们很自然地用视觉受到的刺激程度，即用视觉感受来度量可见光。按这种视觉原则建立的表征可见光的量便属于光度学范畴。

光学特性包括描述其发光强弱以及其光强空间分布情况的光度学特性，如光通量、发光强度、亮度、光束发散角等，以及描述其颜色（色光 LED）或颜色倾向性（白光 LED）的色度学特性参数，如波长或颜色（光谱特性）、色温、显色指数等。

光源的光度学特性主要包括它发出的光的总量的多少，它发出的光在某一个特定方向上的强弱，以及它发出的光强随空间的分布情况等。

（一）立体角

在开始学习光度学之前，有必要介绍一个光度学中常用的几何量，即立体角。在平面几何中，把整个平面以某一点为中心分成 360° 或 2π rad，但是，发光体都是在它周围一定空间内辐射能量的，因此有关辐射能量的讨论和计算问题，将是一个立体空间问题。与平面角相似，把整个空间以某一点为中心，划分成若干立体角。立体角的定义是一个任意形状的封闭锥面所包含的空间称为立体角，用 Ω 表示，如图 1-2 所示。

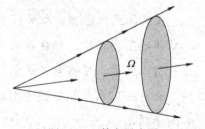

图 1-2　立体角示意图

立体角的单位：假定以锥顶为球心，以 r 为半径做一圆球，如果锥面在圆球上所截出得到面积等于 πr^2，则该立体角为一个球面度（sr）。

整个球面的面积为 $4\pi r^2$，因此对于整个空间有

$$\Omega = \frac{4\pi r^2}{r^2} = 4\pi \tag{1-1}$$

即整个空间等于 4π 球面度。

（二）辐射度学与光度学的基本概念

1. 辐射量与光学量

（1）辐射量　尽管位于可见光波长范围之外的电磁辐射不能为人眼所感知，但作为一种能量的发射，它依然是客观存在的，不同波长的辐射能够被相应的探测仪器探测到，而且对人体也是有影响的，有些辐射、特别是高频辐射，对人体有极大的危害，甚至会致命。因此，对于电磁辐射，抛开其波长的差异，应当有一些通用的参数来衡量其辐射的强弱，这些用来衡量电磁辐射强弱的参数就是辐射量。

辐射量包括辐射能、辐射通量、辐射出射度、辐射强度、辐射亮度、辐射照度等，其中主要应掌握辐射能和辐射通量。

1）辐射能。辐射能（通常用 Q_e 表示）是以辐射形式发射或传输的电磁波能量。当辐射能被其他物质吸收时，可以转变为其他形式的能量，如热能、电能等。显然，辐射能的量纲就是能量的量纲，其单位为焦耳（J）。

2）辐射通量。辐射通量（通常用 Φ_e 表示）又称为辐射功率，是指以辐射形式发射、传播或接收的功率。其定义为单位时间内流过的辐射能量，即

$$\Phi_e = \frac{\mathrm{d}Q_e}{\mathrm{d}t} \tag{1-2}$$

辐射通量的量纲就是功率的量纲，单位为瓦特（W）。

除了以上两个主要的辐射量之外，还有以下四个辐射量：

① 辐射出射度：辐射出射度是用来反映物体辐射能力的物理量，其概念为辐射体单位面积向半球面空间发射的辐射通量。

② 辐射强度：其概念为点辐射源在给定方向上发射的在单位立体角内的辐射通量。

③ 辐射亮度：其概念为面辐射源在某一给定方向上的辐射通量。

④ 辐射照度：其概念为照射在某面元 $\mathrm{d}A$ 上的辐射通量与该面元的面积之比。与以上几个概念不同的是辐射照度是在辐射接收面上定义的概念，而以上几个则是在辐射发射面（或点）上定义的概念。

3）人眼视见系数。当人眼从一个方向上观察一个辐射体时，人眼视觉的强弱，不仅取决于辐射体在该方向上的辐射强度，同时还和辐射的波长有关。前面

提到，人眼只能对波长在 380～760nm 范围内的电磁波辐射产生视觉，在此波长范围内的电磁波称为可见光。即使在可见光范围内，人眼对不同波长光的视觉敏感度也是不一样的。对黄绿光最敏感，对红光和紫光较差，对可见光以外的红外线和紫外线则全无视觉反应。光度学中，为了表示人眼对不同波长辐射的敏感差别，定义了一个函数 $V(\lambda)$，称为视见函数（光谱光视效率）。

把对人眼最灵敏的波长 $\lambda = 555nm$ 的视见函数规定为 1，即 $V(555) = 1$，假定人眼同时观察两个位于相同距离上的辐射体 A 和 B，这两个辐射体在观察方向上的辐射强度相等，A 辐射的电磁波波长为 λ，B 辐射的波长为 555nm，人眼对 A 的视觉强度与人眼对 B 的视觉强度之比，作为 λ 波长的视见函数 $V(\lambda)$，显然 $V(\lambda) \leqslant 1$。

不同人在不同的条件下，视见函数略有差异，为统一起见，1971 年国际照明委员会（CIE）在大量测定基础上，规定了视见函数的国际标准。表 1-1 为明视觉视见函数的国际标准。图 1-3 为相对视见函数曲线。

表 1-1　明视觉视见函数国际标准

光 线 颜 色	波长/nm	$V(\lambda)$	光 线 颜 色	波长/nm	$V(\lambda)$
紫	400	0.0004	黄	540	0.9540
紫	410	0.0012	黄	550	0.9950
靛	420	0.0040	黄	555	1.0000
靛	430	0.0116	黄	560	0.9950
靛	440	0.0230	黄	570	0.9520
蓝	450	0.0380	黄	580	0.8700
蓝	460	0.0600	黄	590	0.7570
蓝	470	0.0910	橙	600	0.6310
蓝	480	0.1390	橙	610	0.5030
蓝	490	0.2080	橙	620	0.3810
绿	500	0.3230	橙	630	0.2650
绿	510	0.5030	橙	640	0.1750
绿	520	0.7100	橙	650	0.1070
绿	530	0.8620	红	660	0.0610

（续）

光线颜色	波长/nm	$V(\lambda)$	光线颜色	波长/nm	$V(\lambda)$
红	670	0.0320	红	720	0.00105
红	680	0.0170	红	730	0.00052
红	690	0.0082	红	740	0.00025
红	700	0.0041	红	750	0.00012
红	710	0.0021	红	760	0.00006

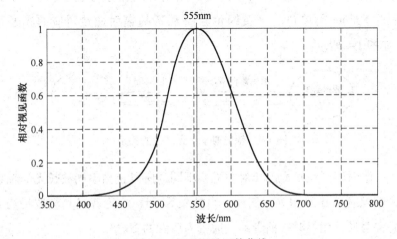

图 1-3　相对视见函数曲线

　　有了视见函数，就可以比较两个不同波长的辐射体对人眼产生视觉的强弱。例如人眼同时观察距离相同的两个辐射体 A 和 B，假定 A 和 B 在观察方向的辐射强度相等，辐射体 A 辐射波长 600nm，辐射体 B 辐射波长 500nm，由表可得，$V(600)=0.631$，$V(500)=0.323$，这样辐射体 A 对人眼产生的视觉强度是辐射体 B 对人眼产生的视觉强度的 0.631/0.323 倍，即近似等于两倍。反之，欲使辐射体 A 和辐射体 B 对人眼产生相同的视觉强度，则辐射体 A 辐射强度应该是辐射体 B 辐射强度的一半。

　　（2）光学量　由于可见光的波长只占整个电磁波谱中一段很狭窄的范围，如果某一辐射的波段落在这一范围之外，那么无论辐射功率有多大，人眼也是无法感知的。换言之，对非可见光波段的电磁辐射而言，无论其辐射量的大小如何，其对应的光学量都为零。

因此，为了描述人眼所能够感受到的光辐射的强弱，必须在辐射量的基础上再建立一套参数来描述可见光辐射的强弱，这就是光学量。光学量包括光通量、光出射度、光照度、发光强度、光亮度等。

1）光通量。光通量（通常用 Φ_v 表示）是衡量可见光对人眼的视觉刺激程度的量，光通量的大小就是总的辐射通量中能被人眼感受到的那部分的大小。光通量的量纲与辐射通量一样，是功率的量纲。但因为人的视觉对光辐射的感受还与光的波长（颜色）有关，所以光通量并不采用通用的功率单位瓦特作为单位，而是采用根据标准光源及正常视力而特殊定制的流明作为单位，单位的符号是lm。波长为 555nm 的单色光（黄绿色）每瓦特的辐射通量对应的光通量等于683lm，如图1-4所示。

图 1-4　辐射通量与光通量的关系

由于人眼对不同波长光的相对视见率不同，所以，当不同波长光的辐射通量相等时，其光通量并不相等。例如，当波长为 555nm 的黄绿光与波长为 650nm米的红光辐射通量相等时，前者的光通量为后者的 10 倍。

光通量是光学量的主要参数之一。由光通量这一主要光学量可以引出以下两个光学量，即光出射度、光照度。

2）光出射度。光源单位面积发出的光通量称为光源的光出射度，通常用符号 M_v 表示，即

$$M_v = \frac{\mathrm{d}\Phi_v}{\mathrm{d}A} \tag{1-3}$$

光出射度的单位为流明每平方米（$\mathrm{lm/m^2}$）。

3）光照度。被照表面单位面积接收的光通量称为光照度，通常用符号 E_v 表示，即

$$E_v = \frac{\mathrm{d}\Phi_v}{\mathrm{d}A} \tag{1-4}$$

光照度和光出射度的区别在于一个是（光源）单位面积发出的光通量，另一个是（被照表面）单位面积接收的光通量，显然，光照度和光出射度的应当

具有相同的量纲。当用来描述被照表面的光照度时，其单位流明每平方米又被称为勒克斯（lx）。

4）发光强度。点光源在单位立体角内发出的光通量称为发光强度，通常用符号 I_v 表示，即

$$I_v = \frac{\mathrm{d}\varPhi_v}{\mathrm{d}\varOmega} \tag{1-5}$$

发光强度是用来描述点光源发光特性的光学量，引入发光强度的意义是为了描述点光源在某一指定方向上发出光通量能力的大小：在指定方向上的一个很小的立体角内所包含的光通量值，除以这个立体角元，所得的商即为光源在此方向上的发光强度。

值得注意的是发光强度是国际单位制中的七个基本量之一，也是基本的光学量。发光强度的单位是坎德拉（cd），又可称烛光。根据国际单位制的规定：一个波长为 555nm 的单色光源（黄绿色），在某方向上的辐射强度为 $\frac{1}{683}$ W/sr（sr 为立体角的单位球面弧度，或简称球面度），则该点光源在该方向上的发光强度为 1cd。由于发光强度是国际单位制的基本单位，光通量的单位流明也可以视为从坎德拉中导出，发光强度为 1cd 的匀强点光源，在单位立体角内发出的光通量即为 1lm。

显然，点光源的发光强度与发光方向有关，对于发光强度各向异性的点光源，其总的光通量可用式（1-6）求得

$$\varPhi_v = \int_\varOmega I_v \mathrm{d}\varOmega \tag{1-6}$$

而对于各向同性的点光源，如果发光强度为 I_v，则总的光通量为

$$\varPhi_v = 4\pi I_v$$

5）光亮度。光亮度（通常用 L_v 表示）又简称亮度，是指某发光面元 $\mathrm{d}A$ 在某方向 θ 上单位面积的发光强度。根据发光强度和光通量之间的关系，也可以指光源单位面积在某一方向上单位立体角内的光通量，即

$$L_v = \frac{I_v}{\cos\theta \mathrm{d}A} = \frac{\mathrm{d}\varPhi_v}{\cos\theta \mathrm{d}A \mathrm{d}\varOmega} \tag{1-7}$$

式中，θ 是面元 $\mathrm{d}A$ 的法线方向与考察方向的夹角。以上公式的说明如图 1-5 所示。

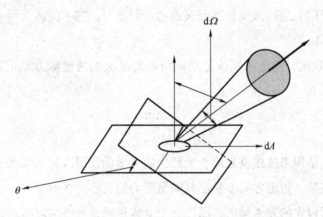

图1-5　面元 dA 在 θ 方向上的光亮度示意图

光亮度的单位是坎德拉每平方米（cd/m^2），坎德拉每平方米又称为尼特（nit）。

光亮度虽不是基本的光学量，但能体现包括光源和被照表面在内的任意发光表面在人眼看上去的表观明暗程度的重要光学量。表1-2列出了常见发光表面的发光亮度。

表1-2　常见发光表面的发光亮度

表面名称	光亮度/(cd/m^2)	表面名称	光亮度/(cd/m^2)
在地面上看到太阳表面	$(1.5\sim2.0)\times10^9$	100W 白炽钨丝灯	6×10^6
日光下的白纸	2.5×10^4	6V 汽车头灯	1×10^7
白天晴朗的天空	3×10^3	放映灯	2×10^7
在地面上看到的月亮的表面	$(3\sim5)\times10^3$	卤钨灯	3×10^7
月光下的白纸	3×10^2	超高压球形汞灯	$1\times10^8\sim2\times10^9$
蜡烛的火焰	$(5\sim6)\times10^3$	超高压毛细管汞灯	$2\times10^7\sim1\times10^9$

以上各光学量的单位除了本节介绍的标准单位之外，还有一些非标准的单位，如发光强度的单位可用国际烛光等，详见相关参考资料。

2. 光学量和辐射量之间的关系

（1）光谱光效率函数　根据信号与系统分析的理论，人眼可以视为一个可见光探测器系统，其输入信号是可见光辐射的辐射量，其输出信号则是光学量。因此，光学量与辐射量的关系取决于人的视觉特性。实验表明，将辐射通量相同而波长不同的可见光分别作用于人眼，人眼感受到的明亮程度即光学量是不同的，这表明，人的视觉对不同波长的光具有不同的灵敏度。人眼对不同波长的光的灵敏度是波长的函数，这一函数称为光谱光效率函数（或称光谱光视效率）。实验还表明，在观察视场明暗程度不同的情况下，光谱光效率函数也会稍有不同，这是由于人眼的明视觉和暗视觉是由不同类型的视觉细胞来实现的。

1）明视觉。在光亮（几个坎每平方米以上）条件下，人眼的锥体细胞起主要作用。明视觉条件下，锥体细胞能分辨物体的细节，很好地区分不同颜色。

2）暗视觉。在暗条件下，亮度约在百分之几坎每平方米以下时，人眼的杆体细胞起主要作用。在暗视觉条件下，杆体细胞能感受微光的刺激，但不能分辨颜色和细节。

（2）光学量与辐射量之间的具体关系 图1-6描述了在明视觉和暗视觉条件下的光谱光效率函数，其中虚线为暗视觉条件下的光谱光效率函数 $V'(\lambda)$，实线为明视觉条件下的光谱光效率函数 $V(\lambda)$。

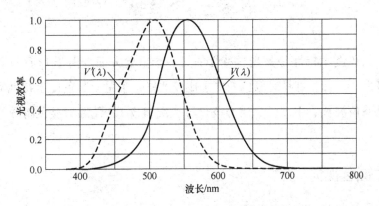

图1-6 明视觉和暗视觉情形下的光谱光效率函数

（三）朗伯辐射体及其辐射特性

对于磨得很光或镀得很亮的反射镜，当一束光入射到它上面时，反射光具有很好的方向性，即当恰好逆着反射光线的方向观察时，感到十分耀眼，而在偏离不大的角度观察时，就看不到反射光。对于一个表面粗糙的反射体或漫射体，就观察不到上述现象。除了漫反射体以外，对于某些自身发射辐射的辐射源，其辐射亮度与方向无关，即辐射源各方向的辐射亮度不变，这类辐射源称为朗伯辐射体。

绝对黑体和理想漫反射体是两种典型的朗伯体。在实际问题的分析中，常采用朗伯体作为理想的模型。

朗伯辐射体辐射特性——朗伯余弦定律

朗伯体反射或发射辐射的空间分布可表示为

$$d^2P = L\cos\theta dAd\Omega \tag{1-8}$$

按照朗伯辐射体亮度不随角度变化的定义，得

$$L = \frac{I_0}{dA} = \frac{I_\theta}{dA\cos\theta}$$

即

$$I_\theta = I_0\cos\theta \tag{1-9}$$

在理想情况下，朗伯体单位表面积向空间规定方向单位立体角内发射的辐射通量和该方向与表面法线方向的夹角为 θ 的余弦成正比（朗伯余弦定律）。朗伯体的辐射强度按余弦规律变化，因此，朗伯辐射体又称为余弦辐射体。

任务二 色度学

LED 的色度学特性是其光学特性的另一个重要方面。由于 LED 灯具对颜色要求的多样性，有些灯具对颜色的要求比较严格，于是，其色度学特性需要用波长（包括峰值波长、主波长、质心波长等次级概念）、色温、显色指数等来综合描述。

一、颜色视觉

颜色科学的一个重要发展是把主观的颜色感知和客观的物理刺激联系起来，建立起高度准确的定量学科——色度学。色度学是对颜色刺激进行测量、计算和评价的科学。

（一）颜色辨认与 RGB 颜色空间

人眼可见的光是波长在 $380\sim760\text{nm}$ 范围内的电磁波，电磁波的波长超出这一范围时人眼将无法感受到，在这一波长范围内，不同波长的光会引起人眼不同的颜色感觉，这就是颜色形成的机理。颜色视觉正常的人在光亮条件下能看到的各种颜色从长波一端向短波一端的顺序是红色、橙色、黄色、绿色、蓝色和紫色。表 1-3 是各种可见光颜色的波长和光谱的范围。

表 1-3 可见光颜色波长及光谱范围

颜色	波长/nm	光谱范围/nm
红	700	640~750
橙	620	600~640
黄	580	550~600
绿	510	480~550
蓝	470	450~480
紫	420	400~450

事实上，除了以上这些颜色之外，人眼还可以感受到在可见光波长范围内由波长连续变化而引起的连续变化彩色感受。除此之外，人眼还可以感受到黑色、白色、灰色等无色彩的颜色感受，以及粉红、暗红、土黄等颜色感受。

各种颜色形成的机理到底是怎么样的？其规律如何？下面就来分析这些问题。

1. 混色与三基色原理

综上所述，不同波长的单色光会引起不同的彩色感觉，但相同的彩色感觉却可以来源于不同的光谱组合，人眼只能体会彩色感觉而不能分辨光谱成分。不同光谱成分的光经过混合能给人有相同彩色的感觉，单色光可以由几种颜色的混合光来等效，几种颜色的混合光也可以由另外几种颜色的混合光来等效，这一现象称为混色。例如，彩色电视机中的彩色就是通过混色而实现的一种颜色复现过程，而并没有恢复原景物的辐射光谱成分。

在进行混色实验时，只要选取三种不同颜色的单色光，按一定比例混合就可以得到自然界中绝大多数色彩，具有这种特性的三个单色光叫基色光，对应的三种颜色称为三基色，由此得到重要的三基色原理。

三基色的选取并不是任意的，而是要遵循以下原则。

（1）三基色的选取原则

1）三种颜色必须相互独立，也就是说，其中任意一种基色不能由其他两种颜色混合配出，这样可以配出较多的色彩。

2）自然界中绝大多数色彩都必须能按照三种基色分解。

3）混合色的亮度等于各种基色的亮度之和。

根据以上原则，在实际情况中，通常选取红、绿、蓝三种颜色作为三基色，由此形成了所谓的 RGB 颜色空间。

（2）相加混色法和相减混色法　把三基色按照不同的比例混合获得色彩的方法称为混色法，混色法有相加混色和相减混色之分。彩色电视系统以及各种类型的计算机监视器等显示屏幕中，使用的是相加混色法。而印刷、美术等行业以及计算机的彩色打印机等输出设备使用的是相减混色法。

1）相加混色法。相加混色法一般采用色光混色，色光混色是将三束圆形截面的红、绿、蓝单色光同时投影到屏幕上，呈现一幅品字形三基色圆图，如图 1-7 所示。

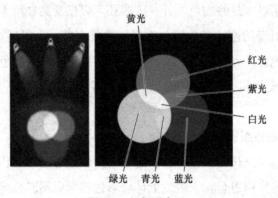

图 1-7　相加混色法

由图 1-7 可知：

红光+绿光＝黄光；

红光+蓝光＝紫光（品红光）；

绿光+蓝光＝青光；

红光+绿光+蓝光＝白光。

以上各光均是按照基色光等量相加的结果。若改变三基色之间的混合比例，则经相加可获得各种颜色的彩色光。

在三基色的相加混色实验中，1853 年，H. 格拉斯曼（H. Grasman）教授总结出以下的相加混色定律，作为混色的重要指导思想：

① 补色律：自然界任一颜色都有其补色，它与它的补色按一定比例混合，可以得到白色或灰色。

② 中间律：两个非补色相混合，便产生中间色，其色调取决于两个颜色的

相对数量，其饱和度取决于两者在颜色顺序上的远近。

③ 代替律：相似色混合仍相似，不管它们的光谱成分是否相同。

④ 亮度相加律：混合色光的亮度等于各分色光的亮度之和。

实现相加混色的方法还有空间混色法、时间混色法等。

2）相减混色法。相减混色法主要用于描述色料的混色，指不能发光，却能将照进来的光吸收一部分，并将剩下的光反射出去的色料的混合。色料不同，吸收色光的波长与亮度的能力也不同。色料混合之后形成的新色料，一般都能增强吸光的能力，削弱反光的能力。在投照光不变的条件下，新色料的反光能力低于混合前色料反光能力的平均数，因此，新色料的明度降低了，纯度也降低了，所以又称为减光混合。

相减混色法中的三原色为黄、青和品红（即某种紫色），这三种原色分别对相加混色中的三基色蓝、红和绿具有极高的吸收率。因此，三原色按不同的比例混合也能得到各种不同的颜色。

2. RGB 颜色空间

根据以上相加混色法的思想，把 R（红）、G（绿）、B（蓝）三种基色的光亮度做一定的归一化之后，作为直角坐标系三维空间的三个坐标轴，可以构成一个颜色空间，颜色空间中不同的坐标点表示不同的颜色。这样表示颜色的方法即为 RGB 颜色空间，由于 RGB 颜色空间是计算机等数字图像处理仪器设备所采用的表示图像颜色的基本方法，所以 RGB 颜色空间通常也称为基础颜色空间。

从理论上说，RGB 颜色空间可以表示出任意的颜色。

（二）颜色的分类和特性

颜色可分为彩色和非彩色两大类。非彩色指的是白色、黑色和各种深浅不同的灰色组成的系列，也称为白黑系列。

当物体表面对可见光光谱所有波长反射比都在 80%～90% 时，该物体为白色；其反射比均在 4% 以下时，该物体为黑色；介于两者之间的是不同程度的灰色。纯白色的反射比应为 100%，纯黑色的反射比应为 0。在现实生活中没有纯白、纯黑的物体。对发光物体来说，白黑的变化相当于白光的亮度变化，亮度高时人眼感到的是白色，亮度很低时感到的是灰色，无光时是黑色。非彩色只有明亮度的差异。

彩色是指黑白系列以外的各种颜色。

彩色一般可用明度、色调和饱和度三个特性来描述，也可用其他类似的三种特性表示。

1）明度：人眼对物体的明暗感觉。发光物体的亮度越高，明度越高；非发光体反射比越高，明度越高。

2）色调：彩色彼此相互区分的特性，即红、黄、绿、蓝、紫。不同波长的单色光具有不同的色调。发光物体的色调取决于它的光辐射的光谱构成，非发光物体的色调取决于照明光源的光谱组成和物体本身的光谱反射（透射）特性。

3）饱和度：是指彩色的纯洁性。可见光谱中的各种单色光是最饱和的彩色，物体色的饱和度决定于物体反射（透射）特性。如果物体反射光的光谱带很窄，则它的饱和度就高。

用一个三维空间纺锤体可以将颜色的三个基本特性，即明度、色调和饱和度表示出来，如图1-8所示。立体的垂直轴代表白黑系列明

图 1-8　颜色的三维空间纺锤体示意图

度的变化；圆周上的各点代表光谱上各种不同的色调（红、橙、黄、绿、蓝、紫等）；从圆周向圆心的过渡表示饱和度逐渐降低。

二、CIE 标准色度学系统

国际照明委员会（CIE）规定了一套标准色度学系统，称为 CIE 标准色度学系统，这一系统是近代色度学的基本组成部分，是色度计算的基础，也是彩色复制的理论基础之一。

CIE 标准色度学系统是一种混色系统，是以颜色匹配实验为出发点建立起来的，用组成每种颜色的三基色数量来定量表达颜色。

1. 颜色匹配

建立 CIE 的标准色度学系统的一个重要原因是为了解决当时在颜色混合和颜色匹配中出现的一些问题。

把两种颜色调节到视觉上相同或相等的过程称为颜色匹配，图1-9所示为颜

色匹配的一种实验装置图。

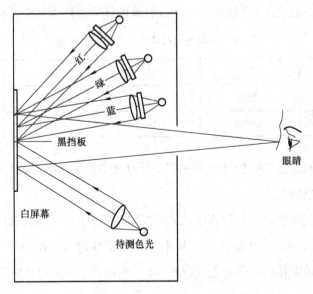

图 1-9　颜色匹配实验装置图

在以上的颜色匹配实验中，黑挡板下方是被匹配的颜色，即目标颜色，而黑挡板上方则是 RGB 颜色空间中的三基色红、绿、蓝。在实验中，CIE 首先规定了这三种基色光的波长，分别为 700nm（R）、546.1nm（G）、435.8nm（B）；然后就用这三种基色光进行不同配比的颜色匹配实验，试图配出在观察者看来和黑挡板下方的目标颜色一致的颜色。

2. CIE 1931-RGB 系统

CIE 标准色度学系统的第一个版本叫作 CIE 1931-RGB 系统，是 CIE 在 1931 年发布的。这一色度学系统是在类似于图 1-8 的实验装置上，以标准色度观察者在 1°~4°的视场下的基本颜色视觉实验数据为基础而产生的。

在 CIE 1931-RGB 系统的实验中，为了确切地描述颜色匹配中三种基色的相对比例，首先必须定出基色单位这样一个概念，即定出多大亮度的基色光为该基色光的一个单位。为此，需要提出"等能白光"这样一个概念，即假想的在整个可见光谱范围内光谱辐射能相等的光源的光色，称为等能白色，等能白光的辐射通量谱函数为整个可见光范围内的一条平行于横轴（波长轴）的直线。如果波长分别为 700nm（R）、546.1nm（G）、435.8nm（B）的红、绿、蓝光可以作为三基色而混合匹配出任意颜色，则此三基色配出等能白光时，它们的辐射通量是相等的。由于人眼视觉效率函数依波长变化而变化，所以可以得出三基色的光通量之间的关系，见表1-4（这里，取1lm红光的光通量作为一个单位）。

表1-4　三基色单位亮度的光通量关系表

颜色	红	绿	蓝	混合（等能白）
波长/nm	700	546.1	435.8	—
单位量流明数/lm	1.0000	4.5907	0.0691	5.6508

采用以上的三基色单位量作为标准，可通过实验测定出混合配比出任意颜色所需要的三基色的量。

颜色匹配实验中，当与待测色达到匹配时所需要的三基色的量，称为三刺激值，记作 R、G、B。一种颜色与一组 R、G、B 值相对应，R、G、B 值相同的颜色，颜色感觉必定相同。三基色各自在 $R+G+B$ 总量中的相对比例叫作色度坐标，用小写的符号 r、g、b 来表示，即

$$\begin{cases} r=\dfrac{R}{R+G+B} \\[2mm] g=\dfrac{G}{R+G+B} \\[2mm] b=\dfrac{B}{R+G+B}=1-r-g \end{cases} \tag{1-10}$$

基于 CIE 1931-RGB 系统的实验证明：几乎所有的颜色都可以用三基色按某个特定的比例混合而成。如果用上述规定单位量的三基色，在可见光 380~760nm 范围内每隔波长间隔（如10nm）对等能白色的各个波长进行一系列的颜色匹配实验，则可得每一种光谱色的三刺激值。实验得出的颜色匹配曲线如图1-10所示，图1-11中的 CIE 1931-RGB 配光曲线也称为 CIE 1931-RGB 标准色度观察者。

从图1-11中可以看出，任一波长的光，都可以由三基色的光按图中的比例匹配而成，图1-11中的曲线表明，如要配出 500nm 附近某一段波长的光，则需要的红色基色的光量为负值，即在实验中，要把这一数量的红光照射于被匹配光的一侧（即图1-9的黑挡板下方）才行。这对配光的物理意义以及数学计算而言，都是不太完善的结果。

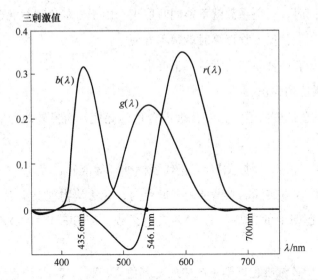

图 1-10　CIE 1931-RGB 色度学系统颜色匹配光谱三刺激值曲线

根据配光的三刺激值色度坐标的公式，r、g、b 三个色度坐标中只有两个是独立的，通常可选取 r、g 分别作为横坐标和纵坐标，可绘制出如图 1-11 所示的 CIE 1931-RGB 系统色度图。从图 1-11 中也明显可见，配出许多颜色所需要的红色基色分量的刺激值是负的。

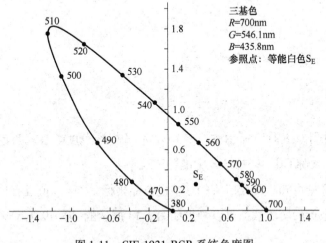

图 1-11　CIE 1931-RGB 系统色度图

3. CIE 1931-XYZ 标准色度学系统以及其他 CIE 色度学系统

由于 CIE 1931-RGB 系统存在一些缺点，即在某些场合下，例如，被匹配颜色的饱和度很高时，三色系数就不能同时取正。由于三基色都对混合色的亮度有贡献，因此当用颜色反方程计算时就很不方便。

因此，希望有一种系统能满足以下要求：

1）三刺激值均为正。

2）某一基色的刺激值，正好代表混合色的亮度，而另外两种原色对混合色的亮度没有贡献。

3）当三刺激值相等时，混合光仍代表标准（等能）白光。

这样的系统在以实际的光谱色为三原色时，无法从物理上实现，CIE 提出了以假想色作为逻辑上的三基色的 XYZ 表色系统，即 CIE 1931-XYZ 标准色度学系统。

CIE 1931-XYZ 标准色度学系统中的三基色 X、Y、Z 实质上是 CIE 1931-RGB 色度学系统中三基色 R、G、B 的线性组合。两者之间的转换关系如下：

$$X=2.7689R+1.7517G+1.1302B \tag{1-11}$$

$$Y=1.0000R+4.9507G+0.0691B \tag{1-12}$$

$$Z=0.0000R+0.0565G+5.5943B \tag{1-13}$$

根据上式，可得到以下用于描述色品图的三刺激值：

$$\begin{cases} x=\dfrac{X}{X+Y+Z} \\[2mm] y=\dfrac{Y}{X+Y+Z} \\[2mm] z=\dfrac{Z}{X+Y+Z}=1-x-y \end{cases} \tag{1-14}$$

由此可得到如图 1-12 所示的 CIE 1931-XYZ 标准色度学系统颜色匹配光谱三刺激值曲线，又称 CIE 1931-XYZ 标准色度观察者。

从图 1-12 中可知，配光所用的三基色色品坐标 x、y、z 值没有出现负值。由图 1-12 色品坐标的实验数据可以画出如图 1-13 所示的 CIE 1931-XYZ 标准色度系统色品图。

从图 1-13 中可知，颜色刺激的值全为正值。

CIE 1931-XYZ 标准色度系统是国际上色度计算、颜色测量和颜色表征的统一标准，是所有测色仪器的设计与制造依据。

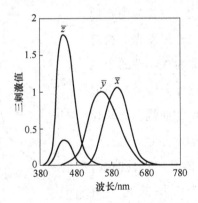

图 1-12　CIE 1931-XYZ 标准色度学系统颜色匹配光

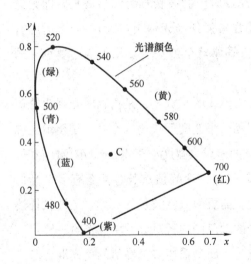
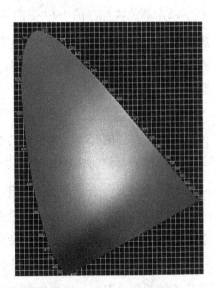

图 1-13　CIE 1931-XYZ 标准色度系统色品图

三、描述 LED 色度学特性的几个重要概念及其关系

在了解了颜色描述的基本概念之后，下面对描述 LED 色度学特性的几个重要概念及其关系进行介绍和分析。

1. 光源的波长与颜色

发光的颜色是色光 LED 的一个重要参数。对单色光而言，颜色的差异是由波长的不同而引起的。可见光的波长不同，引起人眼的颜色感觉就不同。

但实际上，任何光源，包括 LED，发出的光都不可能是绝对严格的单一波长的单色光，而是发出以某一波长为中心的一定波长范围的光，某一光源发光的相对强弱和波长的函数关系称为该光源的光谱特性，色光光源的光谱特性曲线通常类似于高斯分布（正态分布）的曲线。光源光谱特性曲线如图 1-14 所示。

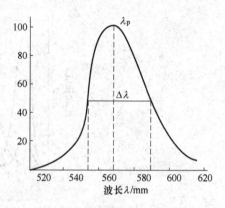

图 1-14 是黄绿色光的光谱特性曲线，在图中，可以引出几个常用的光学特性参数。

图 1-14　光源光谱特性曲线（黄绿色光）

（1）峰值波长　图 1-14 中曲线的最高点对应的波长称为峰值波长，即无论由什么材料制成的 LED，都有一个相对光强最强处（光输出最大），与之对应有一个波长，称之为峰值波长，用 λ_p 表示。通常峰值波长主要用来描述单色光的颜色特性。

（2）谱线半宽度　图中的 $\Delta\lambda$ 通常称为谱线的半宽度，是指相对光强为峰值波长一半时对应的曲线上两个点的波长间隔。半宽度反映谱线宽窄，是衡量光源单色性好坏的参数，各种单色光 LED 发光的谱线半宽度小于 40nm，单色性较好。

（3）主波长　有的光源发出的光不仅只有一个峰值波长，甚至有多个高低不同的峰值。为了描述此光源的色度特性，需要引入主波长的概念。主波长描述的是人眼所能观察到的由此光源发出的光的颜色倾向所对应的单色光的波长。

主波长的概念通常不是用来描述单色光，而是描述多个峰值的色光混合起来所呈现的颜色。例如，GaP 材料可发出多个峰值波长，而主波长只有一个，LED 的主波长会随着长期工作，结温升高而偏向长波方向。

主波长的数值可用如下方法来确定：用某一光谱色，按一定比例与一个确定的标准照明体（如 CIE 标准照明体 A、B、C 或 D65）相互混合而匹配出样品色，该光谱色的波长就是样品色的主波长。颜色的主波长相当于人眼观测到的颜色的色调（心理量）。

如果光源的单色性很好，则峰值波长 λ_p 的数值基本上等于主波长。对于蓝光 LED 芯片，峰值波长要比主波长短一点（5nm 左右）。

（4）色品坐标　如前面分析 CIE 1931-XYZ 系统所述，某种颜色在 CIE 1931-XYZ 色度图中的色品坐标（或称色度坐标）是描述该颜色的色度特性的重要参量，颜色色品坐标的不同对应着颜色的差异。在实际 LED 封装中的分光等应用场合需要用到色品坐标的概念，此时通常用色度图中 X 和 Y 的坐标值来表示。对于白光 LED 的分光，色品坐标的 X、Y 值均为接近于 0.33 的一个数值，表明白光中 X、Y、Z 三个颜色分量的比例接近，根据 X、Y 具体数值的不同，体现出一定的颜色偏向性。

色品坐标还可以用于说明主波长的概念：CIE 1931-XYZ 色度图边沿的舌形曲线代表饱和度为 1 的纯光谱色，假若已知某光的色品坐标为 A，则从色品坐标图中等能白色（0.33，0.33）处引一线段指向 A，再将该线段延长，则延长线和色度图边沿的交点对应的波长为该色光的主波长。

2. 光源的色温

色光光源的色度特性用波长来表示，但在 LED 或其他光源的制造和应用中，白光光源也是非常重要的一种类型，特别是在照明领域。理想的白光是各种波长色光的均匀或等能的组合，因而无法用波长表示白光的颜色。

实际的白光总带有一点微弱的颜色偏向性，如偏红或偏蓝。由于白光的这种颜色偏向性和单色光的颜色明确性是比较微弱的，所以实际的白光其颜色偏向性也不用感觉上偏向的那种颜色的波长来表示，而是借助于黑体辐射峰值波长随温度变化的特性，即色温这个参数来表示。黑体辐射随温度变化的特性可用图 1-15 表示。

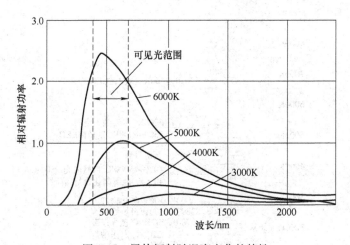

图 1-15　黑体辐射随温度变化的特性

光源的色温定义：如果光源发出的光的颜色与黑体在某一温度下辐射的光颜

色相同，则此时黑体的温度称为该光源的色温。

色温是用来描述白光的颜色偏向性的，单色光的颜色不用色温来描述。

色温计算采用绝对温标，以 K（开尔文）为单位，黑体辐射的 0K＝-273℃作为计算的起点。将黑体加热，随着能量的提高，便会进入可见光的领域。例如，在 2800K 时，发出的色光和灯泡相同，便说灯泡的色温是 2800K。

光源色温不同，光色也不同。

色温低于 3300K 时，光色表现为温暖（带红的白色）、稳重的气氛效果。

色温在 3300~5000K 时，光色表现为中间（白）、爽快的气氛效果。

色温高于 5000K 时，光色表现为清凉型（带蓝的白色）、冷的气氛效果。

不同色温对应的颜色可用图 1-16 表示。从图可知，不同的色温对应于不同的颜色，必须强调的是，色温是用来描述白光颜色偏向是暖色还是冷色的一个概念，对应于正白的色温表示该颜色恰好位于暖色和冷色的平衡点，即该颜色不偏暖也不偏冷，这个平衡点的色温在 5000K 左右。与该色温对应的温度下，黑体辐射的峰值波长会取 555nm 左右的一个数值，该波长对应的单色光颜色为黄绿色。但绝对不能说此时和 5000K 左右色温对应的颜色为黄绿色，因为色温不是描述单色光色度的参量，色温是描述白光色度特性的参量，它体现了白光中暖色和冷色的平衡程度。

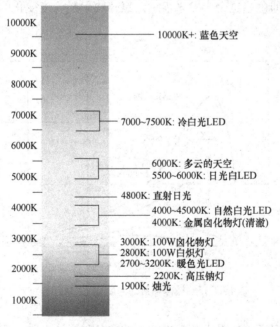

图 1-16 色温示意图

3. 光源的显色性

显色性是用于描述白光光源综合色度特性的一个参数。原则上，人造光源应与自然光源相同，使人的肉眼能正确辨别事物的颜色。

显色性通常用显示指数（Ra）来描述，它表示物体在某一光源照明下的颜色与基准光（太阳光）照明时颜色的偏离。显色性较全面地反映光源的颜色特性，它描述了事物的真实颜色（其自身的色泽）与某一标准光源下所显示的颜色关系。Ra 值是将 DIN 6169 标准中定义的 8 种测试颜色加上其他 7 种试样，在标准光源和被测试光源下进行比较，色差越小，表明被测光源颜色的显色性越好。Ra 值为 100 的光源表示事物在其灯光下显示出来的颜色与在标准光源下的一致。

代表性试样的选择为 1~8 号是中彩度色，如深红、深黄、深绿、深蓝等（明度为 6）；9~12 号是高彩度的红色、黄色、绿色、蓝色；13 号是白种人女性肤色；14 号是叶绿色；15 号是中国女性肤色（日本女性肤色）。

光源的显色性是通过与同色温的参考光源或基准光源（白炽灯或日光）下物体外观颜色的比较而确定的。光源所发射的光谱决定光源的光色，但同样颜色的光可由许多、少数甚至仅仅两个单色光波等不同方式组合而成，对各种颜色的显色性亦大不相同。光谱组成较广的光源较有可能提供较佳的显色品质。当光源光谱中很少或没有物体在基准光源下所反射的某种波长成分时，会使物体的颜色产生明显的色差。色差程度越大，光源对该种波长的光的显色性也越差。

实际应用中对光源显色指数的要求见表 1-5。

表 1-5　不同场合下对光源显色指数的要求

显指（CRI）	等级	显色性	应用场合
90~100	1A	优良	需要色彩精确对比的场所
80~89	1B		需要色彩正确判断的场所
60~79	2	普通	需要中等显色性的场所
40~59	3		对显色性的要求较低，色差较小的场所
20~39	4	较差	对显色性无具体要求的场所

各种光源的显色指数见表 1-6。

表1-6　各种光源的显色指数

光源	白炽灯	荧光灯	卤钨灯	高压汞灯	高压钠灯	金属卤化物灯
显指	97	75～94	95～99	22～51	20～30	60～65

4. 光源光谱图

利用灯具光色电综合测试仪测试了白炽灯、荧光灯、高压钠灯和不同显示指数 LED 等各种不同光源的光色电参数和相应的光谱图，比较如图 1-17 所示。

从图 1-17 中的不同光源测试参数及光谱图对比可知，光源的光谱分布决定了光源的显色性，光源的色温和显色性之间没有必然的联系，具有不同光谱分布的光源可能有相同的色温，但显色性可能差别很大。从光谱图外形特点也可反推这是何种光源，例如图 1-17a，光谱图与太阳光谱非常接近，所以它的显色指数为 100；图 1-17b 中荧光灯光谱图有多条不同颜色的波峰，但它的特点是对应有蓝光、绿光和红光比较高的波峰；图 1-17c 中高压钠灯光谱图也是有多条不同颜色波峰，但它的特点是橙黄光波峰相对比较高，所以路灯如果安装了高压钠灯则通常看到发出橙黄光；图 1-17d～f 中是 LED 的光谱图，都有一个明显的蓝光波峰和一个比较宽的包含绿、黄、红的宽光谱，可见这款 LED 发光原理为 LED 蓝光芯片激发黄色荧光粉所得，这是常用的典型的 LED 封装形式，即蓝光芯片+黄色荧光粉。从光谱图也可看出，显示指数的高低与红色光谱占比有很大关系，这可以在 LED 光源封装过程中荧光粉配比实验中提供重要的指导性方向。

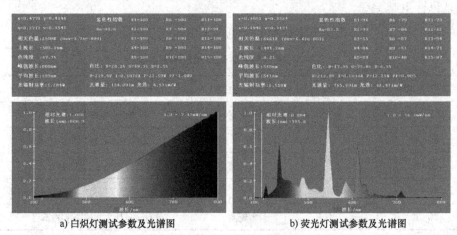

a) 白炽灯测试参数及光谱图　　　　　b) 荧光灯测试参数及光谱图

图 1-17　不同光源测试参数及相应光谱图对比

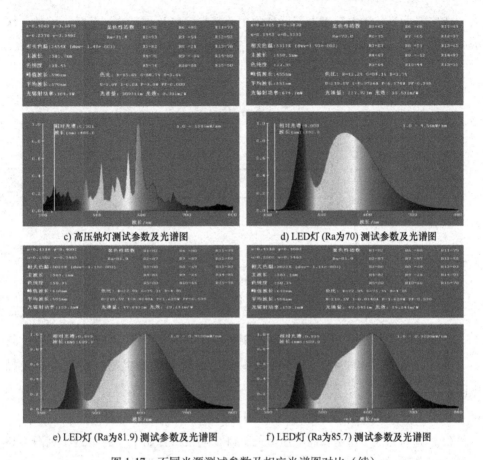

c) 高压钠灯测试参数及光谱图　　　　d) LED灯 (Ra为70) 测试参数及光谱图

e) LED灯 (Ra为81.9) 测试参数及光谱图　　f) LED灯 (Ra为85.7) 测试参数及光谱图

图 1-17　不同光源测试参数及相应光谱图对比（续）

任务三　电学特性

固体电光源 LED 是目前广泛使用的节能环保电光源，所以讨论照明技术中的电学特性主要针对 LED 光源的电学特性。对于 LED 作为一种 pn 结发光的电光源，显然，其电学特性参数也是非常重要的。LED 的电学特性参数主要是伏安特性（曲线），以及根据对该曲线的分析而提取出来的正向工作电流、正向压降、反向电流、反向压降、功率等。此外，作为一个电光源，显然发光效率也是其重要的联系电、光特性的参数。

1. 伏安特性曲线

器件的伏安特性是指流过器件的电流和器件两端施加的电压之间的函数关

系。伏安特性是一切电阻型电子器件的主要特性，LED 属于这一范畴，因此，伏安特性是 LED 主要的电学特性。LED 的伏安特性曲线如图 1-18 所示。

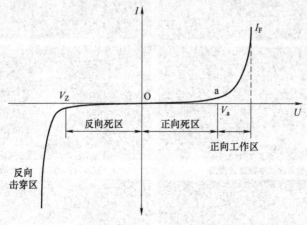

图 1-18　LED 伏安特性曲线

伏安特性也是表征 LED 芯片 pn 结制备性能的主要参数。LED 的伏安特性具有非线性、单向导电的特点，即外加正偏压表现低接触电阻，反之为高接触电阻。

从图 1-18 中可见伏安特性曲线分为四段。

（1）正向死区　这是正向电压太低，LED 还没有开始工作的状态（见图 1-18 中 Oa 段），a 点对应的 V_a 为开启电压，当 $V<V_a$ 时，外加电场尚克服不了因载流子扩散而形成的势垒电场，此时 R 很大。开启电压对于不同 LED 其值不同，GaAs 为 1V，红色 GaAsP 为 1.2V，GaP 为 1.8V，GaN 为 2.5V。

（2）正向工作区　这是 LED 正常工作的发光状态，电流 I_F 与外加电压呈指数关系。实际工作时，一般使其处于一种合适的状态。当然，如果正向电压很高，或者电流很大，则 LED 也能发光，但是，若处于超负荷高发热工作状态，则寿命将大大缩短。

（3）反向死区　当 $V<0$ 时，pn 结加反向偏压，这是一种加上较小的反向电压的情形，LED 反向电流很小，处于反向截止状态。

（4）反向击穿区　当 $V<-V_z$ 时，V_z 称为反向击穿电压，这是反向加上一个很高的电压的情形，反向电压 V_R 对应的 I_R 为反向漏电流。当反向偏压一直增加使 $V_R<-V_z$ 时，将出现 I_R 突然增加而被击穿的现象。由于所用化合物材料种类不

同，所以各种 LED 的反向击穿电压 V_Z 也不同。反向击穿会对 LED 造成损坏。

2. 几个常用的重要参数

LED 的伏安特性曲线可以较为全面地分析 LED 的电学特性，在 LED 芯片制造、封装以及不同应用场合的器件选型和设计时，通常需要强调以下几个参数。

（1）正向工作电流 I_F　正向工作电流包括以下几种情形：

1）额定工作电流 I_F（mA）：指在理想的线性工作区域，LED 在此电流下可安全地维持正常的工作状态。一般情况下，小功率 LED 的额定工作电流为 20mA 左右。

2）最小工作电流 I_{FL}（mA）：指当小于此电流工作时，由于超出理想的线性工作区域，所以无法保证 LED 的正常工作状态（尤其是在一致性方面）。

3）最大容许正向电流 I_{FH}（mA）：指 LED 可承受的最大正向工作电流。在此电流下，LED 仍可正常工作，但发热量剧增，LED 的使用寿命将大大缩短。

4）最大容许正向脉冲电流 I_{FP}（mA）：指 LED 可承受的最大占空比的正向脉冲电流的高度。

（2）正向压降 V_F　正向电压 V_F 是指额定正向电流下器件两端的电压降，这个参数既与材料的禁带宽度有关，又标志了 pn 结的体电阻与欧姆接触电阻的高低。V_F 的大小一定程度上反映了电极制作的优劣。相对于 20mA 的正向电流，红黄光类 LED 的 V_F 值约为 2V，而 GaN 基蓝绿光类 LED 器件的 V_F 值通常大于 3V。

（3）反向漏电流 I_R　反向漏电流 I_R 是指给定的反向电压下流过器件的反向电流值，反向漏电流是器件质量好坏的敏感性指标。通常，在 5V 的反向电压下，反向漏电流应不大于 10mA，I_R 过大则表明结特性较差。

（4）反向电压 V_R　反向电压 V_R 是指在指定反向电流下所对应的反向电压。反向击穿电压是指当反向电压大于某一值时，反向漏电电流会急剧增大。对具体器件而言，在较为严格的情况下，要求反向漏电流不大于 10mA。

（5）反向击穿电压 V_Z　LED 所能承受的最大反向电压，即反向电压超出此电压使用时，将导致 LED 反向击穿。

（6）耗散功率 P_D　LED 的耗散功率 $P_D = I_F \cdot V_F$，耗散功率既是 LED 消耗的电功率。根据耗散功率的大小，通常把 LED 划分为小功率和大功率，一般以 0.5~1W 为分界线。

（7）发光效率 η_e　发光效率简称光效。光源的发光效率定义为其光通量与

所消耗功率的比值，即

$$\eta_\mathrm{e} = \frac{\varPhi_\mathrm{v}}{P_\mathrm{D}}$$

（1-15）

发光效率的单位为 lm/W（流明每瓦）。

发光效率是一个反映 LED 综合光电性能的参数，是将外部量子效率用视觉灵敏度（人眼对光的灵敏度）来表示的数值。外部量子效率是指发射到 LED 芯片和封装外的光子个数相对于流经 LED 的电子个数（电流）所占的比例。组合使用蓝色 LED 芯片和黄色荧光粉的白光 LED 的外部量子效率，由相对于内部量子效率（在 LED 芯片发光层内发生的光子个数占流经 LED 芯片的电子个数（电流）的比例）、芯片的光萃取效率（将所发的光取出到 LED 芯片之外的比例）、荧光粉的转换效率（芯片发出的光照到荧光粉上转换为不同波长的比例）以及封装的光取出效率（由 LED 和荧光粉发射到封装外的光线比例）的乘积决定。

在发光层产生的光子，其中一部分或在 LED 芯片内被吸收，或在 LED 芯片内不停地反射，而出不了 LED 芯片。因此，外部量子效率比内部量子效率要低。发光效率为 100lm/W 的白光 LED，其输入电能只有 32% 作为光能输出到了外部，剩余的 68% 转变为热能。

通常白炽灯与荧光灯的光效分别为 15lm/W 与 60lm/W，灯泡的功率越大，光通量越大。对于一个性能较高的 LED 器件，光效为数十流明每瓦，实验室水平达到 100lm/W 以上。为使 LED 器件更快地用于照明，必须进一步提高 LED 器件的发光效率，目前，LED 的光效可达 200lm/W。人类将会迎来一个固态光源全面替代传统光源的新时代。

任务四　热学特性

在照明技术中，电光源在能量转换时不是百分百将电能全部转换为光能，很大一部分电能转换为热能损耗了，而转换成热能的部分如果没有及时疏解则将导致热能集聚温度升高影响电光源的性能，尤其是大功率照明电光源。

为了满足照明领域对 LED 高光通量的要求，在优化器件结构、提高发光效率的同时，增加单个 LED 器件的输入功率是最有效直接的方法，但随着功率的增加，LED 会产生大量的热量，从而引起芯片温度的升高，温度升高将影响 LED

量子效率低、寿命缩短、颜色漂移等技术指标，所以，在大功率照明中必须了解热学特性，考虑散热问题。

由此可见，除了以上描述 LED 工作瞬时状态的光学和电学特性参数之外，在应用的角度，LED 的使用寿命以及工作状态的稳定性和可靠性等参数，以及与寿命和稳定性密切相关的热学特性，也是非常重要的特性参数。

1. LED 的使用寿命与可靠性

LED 与传统光源相比较的一个重要优势就是其使用寿命长。一般而言，LED 的使用寿命在 50000 小时以上，还有一些生产商宣称其 LED 可以运作 100000 小时左右。LED 之所以持久，是因为它不会产生灯丝熔断的问题。LED 不会直接停止运作，但它会随着时间的流逝而逐渐退化。理论预测以及实验数据表明，高质量 LED 在经过 50000 小时的持续运作后，还能维持初始灯光亮度的 60% 以上。假定 LED 已达到其额定的使用寿命，实际上它可能还在发光，只不过灯光非常微弱。通常，LED 的寿命结束不是指其不能发光的时间，而是指其光通量（或额定电流）下降到最初使用时一半的时间。

可靠性是在 LED 的工作（发光）期间，其各个主要特性参数保持在额定范围内的概率，这也是衡量 LED 产品优劣的一个重要指标。

2. LED 的热学特性

影响 LED 寿命长短的最重要因素是散热的好坏，要想延长 LED 的使用寿命，就必须降低 LED 芯片的温度。对于单个 LED 而言，如果热量集中在尺寸很小的芯片内而不能有效散出，则会导致芯片的温度升高，引起热应力的非均匀分布、芯片发光效率和荧光粉激发效率下降。当温度超过一定值时，器件的失效率将呈指数规律攀升。

（1）结温及其对 LED 性能的影响　结温就是 LED 中 pn 结的温度，这是影响 LED 光学特性、电学特性以及寿命的最重要和最根本的参数。

据分析，元件温度每上升 2℃，可靠性将下降 10%。为了保证器件的寿命，一般要求 PN 结的结温在 110℃ 以下。而且，随着 pn 结结温的升高，白光 LED 器件的发光波长将发生红移。在 110℃ 的温度下，波长可以红移 4~9nm，从而导致 YAG 荧光粉吸收率下降，总的发光强度会减少，白光色度变差。在室温附近，温度每升高 1℃，LED 的发光强度会相应减少 1% 左右，当器件从环境温度上升到 150℃ 时，亮度下降多达 35%。当多个 LED 密集排列组成白光照明系统时，热量的耗散问题更严重。因此解决散热问题已成为 LED 应用，尤其是功率型 LED 应用的首要问题。

（2）降低 LED 结温的途径　LED 的输入功率是元件热效应的唯一来源，能量的一部分变成了辐射光能，其余部分最终均变成了热，从而抬升了元件的温度。显然，减小 LED 温升效应的主要方法，一是设法提高元件的电光转换效率（又称外量子效率），使尽可能多的输入功率转变成光能，另一个重要的途径是设法提高元件的热散失能力，使结温产生的热通过各种途径散发到周围环境中去。降低结温所采取的主要的途径如下：

1）减少 LED 本身的热阻；

2）良好的二次散热机构；

3）减少 LED 与二次散热机构安装界面之间的热阻；

4）控制额定输入功率；

5）降低环境温度

【项目小结】

近年来辐射度学、光度学和色度学的发展十分迅速，光源的种类日新月异地发展着，其发光效率与颜色得到了很大的改善。在信息技术飞速发展的今天，辐射度量、光度量以及色度量的评价和测量已成为照明技术发展的基础，因此，建立光通量、光强度、照度、亮度、色度等一系列计量标准，提高国防、工业、医疗和照明等领域的有关测试和计量技术的进步，推动我国辐射度、光度以及色度计量的标准化，具有重要意义。

作为一个电光源，电学特性参数也是非常重要的，随着 LED 器件的发光效率不断提高，人类将会迎来一个固态光源全面替代传统光源的新时代。热学特性决定了照明电器的寿命和可靠性，这也是不容忽视的。

【思考与练习】

1. 人眼的锥体细胞与杆状细胞的功能比较。

2. 名称解释

1）光通量

2）照度

3）发光强度

4）显示指数

5）色温

3. LED 作为显示器光源有何优点？

4. 利用 LED 产生白光的方式有哪几种？与一般路灯照明比较，采用 LED 有哪些优缺点？

项目二　照明中常用的光学器件

【任务导入与项目分析】

　　照明技术中的光场分布是通过对光线传播方向的控制，最终实现光通量的合理分配，满足照明设计要求的过程。而控制光线的途径，在照明光学设计里，一般均采用光的几何光学传播规律，即折射和反射（很少使用物理光学原理）。对光线的折射和反射，离不开透镜元件和反射元件。

　　透镜元件和反射元件，已经广泛应用于照明中的各个方面，成为照明设计中不可或缺的一部分。射灯、路灯、自行车灯和汽车车灯等各个方面都有使用，本项目简要介绍照明中常用的透镜元件和反射元件结构及其各自的光学性能。具体的设计方法将在下一个项目中介绍。

任务一　照明中常用的透镜

　　透镜是照明灯具中不可或缺的光学元件，它一般有以下几种材料种类：

（1）硅胶透镜　硅胶是一种高活性吸附材料，属于非晶态物质，其化学分子式为 $mSiO_2 \cdot nH_2O$。不溶于水和任何溶剂，无毒无味，化学性质稳定，除强碱、氢氟酸外不与任何物质发生反应。各种型号的硅胶因其制造方法不同形成不同的微孔结构。硅胶的化学组分和物理结构决定了它具有许多其他同类材料难以替代的特点，即吸附性高、热稳定性好、化学性质稳定、有较高的机械强度等。因为硅胶耐温高（也可以过回流焊），所以常用于直接封装在 LED 芯片上。一般硅胶透镜体积小，直径为 3~10mm。

（2）PMMA 透镜　光学级 PMMA（Polymethyl Methacrylate）也称为聚甲基丙烯酸甲酯，俗称有机玻璃或亚克力，是迄今为止合成透明材料中质地最优异、价格比较适宜的品种。PMMA 是目前最优良的高分子透明材料，有极好的透光性能，可见光透过率达到 92%。紫外光会穿透 PMMA，与聚碳酸酯（PC）相比，PMMA 具有更佳的稳定性。PMMA 允许小于 2800nm 波长的红外线通过；存在特殊的有色 PMMA，可以让特定波长的红外光透过，同时阻挡可见光。PMMA 是塑胶类材料，它的优点有生产效率高（可以通过注塑完成），透光率高（3mm 厚度时穿透率在 93% 左右）；它的缺点主要是耐温 70%（热变形温度为 90℃）。

（3）PC 透镜　光学级 PC（Polycarbonate）也称聚碳酸酯，属于塑胶类材料，由于聚碳酸酯结构上的特殊性，现已成为五大工程塑料中增长速度最快的通用工程塑料。采用光学级 PC 制作的光学透镜不仅可用于照相机、显微镜、望远镜和光学测试仪器等，还可用于电影投影机透镜、复印机透镜、红外自动调焦投影仪透镜、激光束打印机透镜，以及各种棱镜、多面反射镜等诸多系统，应用范围广。它的优点有生产效率高（可以通过注塑完成），耐温高（130℃ 以上）；它的缺点主要是透光率稍低（87%）。

（4）玻璃透镜　玻璃是一种无规则结构的非晶态固体，玻璃具有高透过率。玻璃分为两种，冕牌玻璃（K）和火石玻璃（F），其中，K 代表冕牌玻璃，F 代表火石玻璃。冕牌玻璃的特征是其折射率较小而色相系数较大，有 QK、K、PK、BaK、ZK、LaK 等；火石玻璃的特征则相反，其折射率较大而色相系数较小，有 KF、QF、BaF、F、ZF、ZBaF、LaF、TF、AlaF 等。另外，材料的光学均匀性、化学稳定性（折射率大时往往较软，化学稳定性差）、气泡、条纹、内应力等，皆对成像有影响。总之应根据仪器要求挑选不同等级的玻璃。光学玻璃材料具有透光率高（97%）、耐高温、耐紫外线等优点；它的缺点主要是易碎、非球面精度不易实现、生产效率低和成本高等。

（一）凸透镜和凹透镜

凸透镜和凹透镜在照明光学设计中是应用的最简单的透镜形式。凹透镜可以实现对光线的发散；凸透镜可以实现对光线的会聚和发散（会聚之后再发散），如图 2-1 所示。

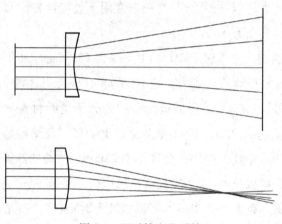

图 2-1　凹透镜和凸透镜

调整凹透镜和凸透镜与光源的距离或调整透镜的曲率半径，均可以实现对光线出射角度的调整。

以图 2-1 中凸透镜为例，当其孔径为 D，曲率半径为 r，凸透镜折射率为 n 时，其出射光线发散角度为

$$\theta = 2\arctan\frac{(n-1)D}{2r} \tag{2-1}$$

凸透镜或凹透镜的阵列组合可形成复眼透镜，与全反射透镜组合，控制全反射透镜的发光角度。

（二）棱镜

棱镜可以用来改变光线前进的方向，使光线偏折一定的角度。通过切割球面获得偏心球面透镜，在偏折光线的同时，也可起到扩散或汇聚光线的作用。

光线经棱镜折射后，出射光线向棱镜较厚的一边折射。从图 2-2 中，还可以看出，棱镜对不同波长颜色的光线，偏折角度是不同的。对蓝光偏折角度最大，对红光偏折角度最小，这就是著名的牛顿色散实验。根据折射定律分析此现象可知，同种材料，对于不同波长，其折射率是不同的。

在照明光学设计中，在需形成非
对称光形效果，如非对称照度分布或
非对称光强分布时，经常采用棱镜来
实现此效果。且棱镜的采用，并非一
定要用平面棱镜的结构，大多数情况
下，均是对光线的偏转和光束角的调
整同时进行，即采用偏心的球面透镜
（见图 2-3）或柱面镜，在改变主光线

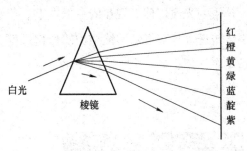

图 2-2　三棱镜对白光的色散示意图

传播方向的同时，改变整个光束发散角度。此种透镜在警示灯具、自行车灯、汽
车车灯等灯具中均有使用。

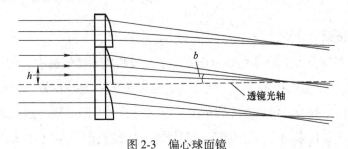

图 2-3　偏心球面镜

偏转角计算公式如下：

$$b = \arctan \frac{(n-1)h}{r}$$

(2-2)

（三）菲涅尔透镜

菲涅尔透镜（Fresnel lens）又称为螺纹透镜，是由法国物理学家奥古斯
汀·菲涅尔（Augustin Fresnel）发明的，他在 1822 年最初使用这种透镜设计
用于建立一个玻璃菲涅尔透镜系统——灯塔透镜。菲涅尔透镜多是由聚烯烃
材料注压而成的薄片，也有玻璃制作的，镜片表面一面为光面，另一面刻录
了由小到大的同心圆，如图 2-4 所示，它的纹理是利用光的干涉及衍射和根
据相对灵敏度和接收角度要求来设计的，透镜的要求很高，一片优质的透镜
必须是表面光洁，纹理清晰，其厚度随用途而变，多在 1mm 左右，特性为
面积较大，厚度薄及侦测距离远。

菲涅尔透镜的设计思想是将透镜分成若干个具有不同曲率的环带，使通过每

一环带的光线近似汇聚在同一像点上。菲涅尔透镜设计原理如图 2-5 所示，这也是传统透镜到菲涅尔透镜结构的变化过程。菲涅尔透镜的作用主要有两个，一个是聚焦作用；另一个是准直作用。

图 2-4　菲涅尔透镜

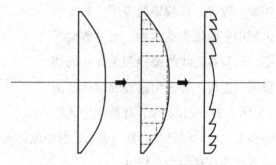

图 2-5　菲涅尔透镜设计原理图

菲涅尔透镜的分类：

（1）从光学设计上划分　分为正菲涅尔透镜和负菲涅尔透镜。

1）正菲涅尔透镜：光线从一侧进入，经过菲涅尔透镜在另一侧出来聚焦成一点或以平行光射出，焦点在光线的另一侧，并且是有限共轭。这类透镜通常设计为准直镜（如投影用菲涅尔透镜、放大镜等）以及聚光镜（如太阳能用聚光聚热用菲涅尔透镜等）。

2）负菲涅尔透镜：和正菲涅尔透镜刚好相反，焦点和光线在同一侧，通常在其表面进行涂层，作为第一反射面使用。

（2）从结构上划分　主要有圆形菲涅尔透镜、菲涅尔透镜阵列、柱状菲涅尔透镜、线性菲涅尔透镜、衍射菲涅尔透镜、菲涅尔反射透镜、菲涅尔光束分离器和菲涅尔棱镜。

圆形菲涅尔透镜和线性菲涅尔透镜如图 2-6 所示。

在大孔径的照明系统中，常采用菲涅尔透镜（螺纹透镜）来代替单透镜或二次曲面透镜，其优点有：①减小透镜的质量和厚度；②在一定程度上减小单透镜带来的球差（即不同入射高度的光线，经单透镜球面折射之后，不会聚于同一点的现象）。球差的原理如图 2-7 所示。

菲涅尔透镜既可以校正球差，又可以减小透镜的重量和厚度，制造费用降低，光能的吸收损失减少，这在大口径的照明系统中是非常重要的。基于以上优点，菲涅尔透镜应用于多个领域，主要包括：

a) 圆形菲涅尔透镜   b) 线性菲涅尔透镜

图 2-6 两种不同聚焦方式的平板菲涅尔透镜

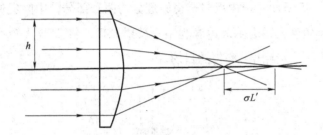

图 2-7 单透镜球差原理示意图

1）投影显示：主要包括菲涅尔投影电视，背投菲涅尔屏幕，高射投影仪，准直器。

2）聚光聚能：主要包括太阳能用菲涅尔透镜，摄影用菲涅尔聚光灯，菲涅尔放大镜。

3）航空航海：主要包括灯塔用菲涅尔透镜，菲涅尔飞行模拟；大型航标灯（专用菲涅尔透镜配合海上灯塔光源而特别设计）；焦距短，透光率高；光线发散角小；在气象能见度 10 海里[⊖]的条件下，灯光射程可达 30 海里。

4）科技研究：主要包括激光检测系统等。

5）红外探测：主要包括无源移动探测器。

6）照明光学：主要包括汽车头灯，交通标志，光学着陆系统。

菲涅尔透镜设计主要的步骤包括分割环带高度和计算曲率半径，除此之外还

⊖ 1 海里 = 1852 米。

有如分角度法和分厚度法等多种菲涅尔透镜设计方法。后面项目会做专门详细的介绍具体设计方法，这里不做赘述。

（四）全反射透镜

全反射透镜是指一面或多面，运用全反射原理，实现光线收集或分配的透镜元件。全反射透镜广泛应用于照明的各个领域，射灯、准直透镜、航空障碍灯、自行车灯均有使用。

全内反射透镜（Total Internal Reflection，TIR）是一种典型的复杂结构光学元件。它一般运用二次曲面，形成全反射面，参与光线的汇聚，之后通过复眼透镜或其他透镜形式的组合，最终实现对光线的收集和光通量分配，达到预定的照明效果，如图 2-8 所示。全内反射透镜原理分为两个部分，中间类似于一个凸透镜，将 LED 小角度光线会聚；边缘利用全反射原理，将 LED 大角度光线转换到所需角度范围内，达到出射均匀的目的。

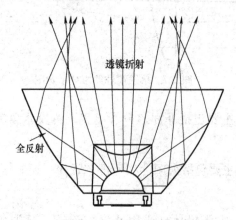

图 2-8　全内反射透镜

若对全内反射透镜的出光面做某些处理，如将出射界面为平面做成特殊的表面，出射光的角度将发生变化，从而改变光出射均匀性，如图 2-9~图 2-11 所示。也可将其出光界面做成蜂窝状，在透镜的出光面上增加蜂窝阵列，使得出光更加均匀，不需要新的模具，增加出光角度，防止出现芯片镜像，效率将降低 2%~3%，如图 2-12a 和图 2-12b 对比图所示。

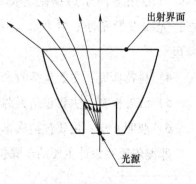

图 2-9　出射界面为平面

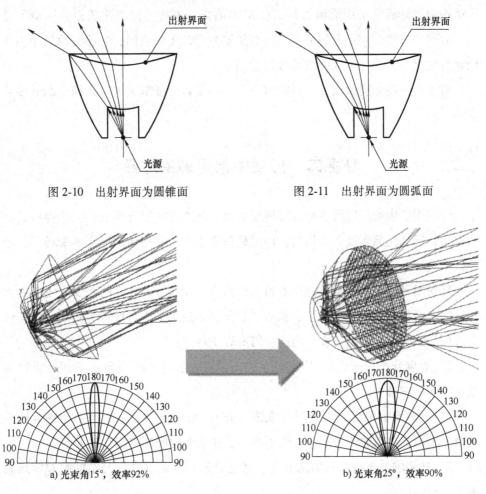

图 2-10 出射界面为圆锥面   图 2-11 出射界面为圆弧面

a) 光束角15°，效率92%   b) 光束角25°，效率90%

图 2-12 TIR 蜂窝面出光面与平面出光面光束角和效率对比

（五）自由曲面透镜

在照明光学设计中，自由曲面透镜的使用也是很常见的，使用自由曲面透镜可以实现 LED 在目标面上辐照度的均匀分布。相对于常规的光学曲面，自由曲面具有更灵活的空间布局和更高的设计自由度，采用自由曲面可以大大简化照明系统的结构，准确控制光束分布并有效实现复杂的照明。自由曲面透镜照明设计的几个比较常见的应用有道路照明、投影仪照明和汽车前大灯照明等，其透镜均采用自由曲面实现对光线的有效控制并最终获取符合要求的照度分布或光强分布。

自由曲面透镜设计的每一个步骤都涉及复杂的数学或物理理论，基于点光源自由曲面设计通常采用数值方法近似求解偏微分方程、裁剪法或划分网格等方法，而这些方法仅对点光源适用，针对扩展光源却无法适用，它还必须另外引入优化算法进一步的优化才能获得较好的结果。

对于自由曲面透镜设计，后续将有专门一项目任务举例进行详细介绍其设计方法。

任务二　照明中常用的反射器

照明系统中的反射器俗称灯罩或反射罩，其作用一般有两点：①获得所需照明效果，近处光照强度大而均匀，但远处效果不好；②在相同配光的前提下，增加外形美观。

反射器设计基础理论：将反射器上任意点（角度 θ）接收的光源光线反射到与轴线成希望夹角 α 的方向上，换言之，要注定反射器上各区域将光线投射到什么方位，这是设计的第一步。为此，需要以下数据：

1）光束分布（配光）：用出射光线光强该光线与轴线夹角 α 表示，采用函数式或曲线图都可以。

2）光源发出光线的光分布（光强分布）：采用从它发出的各条光线与轴线夹角 θ 表示，常用曲线表示，在近似的计算中光源的配光常用余弦分布。

3）从要求的光束分布的总光通，考虑光源与反射器之间的结构限制等因素确定光源的功率。

计算中遵循光通量的守恒。具体细节如下：

1）对从光源射向四周空间的光线，要选择合适的角度间隔进行划分，如图 2-13 所示。

2）计算在光源光分布和出射光束光分布中各个角度间隔内的立体角。

3）采用"光通增量＝光强×立体角增量"的公式计算各间隔内的光通量，其中光强由光源光分布和出射光束光分布中提供，往往取间隔角度的中值角上的值。

4）找出光源能提供的光通量和光束中需要的光通量的差值，得到折换系数，统一二者的差异。

5）找出光源在某个 θ 角间隔内能提供的光通量正好和光束在某个 α 角间隔

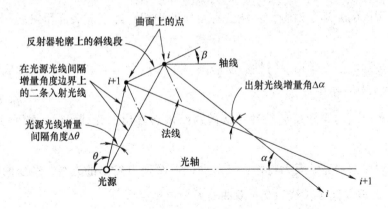

图 2-13　角度间隔划分

内需要光通量相一致的对应关系，即某个 θ 角内的光线射到某个 α 角中去的 θ-α 关系。

根据 θ-α 的关系，求出反射器曲面形状，这是计算反射器的第二步。其中包括：

1）用公式计算光源光线间隔角度中反射面与轴线夹角 β。

2）列表写出光源光线间隔角度 θ 和 β 角的正切值。

3）以光源置放点为原点，光轴（对称轴）为 x 轴，写出从光源发出的各光线间隔角度上光线的方程为 $y = \tan\theta_x$。

4）设反射器起始于第一点的坐标是 $x_0 y_0$，它的斜率为 $\tan\beta_0$，则反射器上第一段的折线方程为 $y - y_0 = (x - x_0) \tan\beta$。

5）计算该线段与下一个光线间隔角度的交点 $x_1 y_1$，即解下述方程组：

$$y_1 - y_0 = (x_1 - x_0) \tan\beta_0$$

$$y_1 = \tan\theta_{x_1}$$

6）重复过程 5），计算下一个点，不同的是将 $x_1 y_1$ 的值作为 x_0，y_0 来处理，β_0 与 $\tan\theta$ 另取新的值。

7）完成上述全过程就可得到一个需要的反射器曲线。

（一）二次曲线反射器

二次曲线包括圆、椭圆、抛物线和双曲线。

从圆锥曲线的一个焦点发出的光线，经过圆锥曲线的反射后，得到的反射光线所在的直线，相交于曲线的另一个焦点（抛物线的另一个焦点可看为无穷远点）。

1）圆面的光学反射特性：从圆心发出的光线，经圆球表面反射后，仍汇聚于圆心。

2）椭圆面的光学反射特性：从椭圆一个焦点发出的光线，经椭圆表面反射后，汇聚于另一个焦点。

3）抛物面的光学反射特性：从抛物面焦点发出的光线，经抛物面反射后，形成平行光。

4）双曲面的光学反射特性：从双曲面一个焦点发出的光线，经双曲面反射后，反射光线反向延长线，交于双曲面另一个焦点。

当光源偏离抛物面、椭圆面、双曲面焦点时，光线经反射后，光束发散和汇聚情况发生变化。

利用二次曲面反射器的性质，可以实现光线的收集和角度控制，完成光学设计要求不高的一些照明光学设计需求。

（二）其他反射器设计

简单二次曲面反射器很难满足越来越高的照明光学设计要求，例如，轨道灯、射灯反射器设计，既要求照度均匀，又要求外形尺寸、轮廓基本不变的情况下，方便实现同一系列灯具，发光角度的改变，比如 16°~40°的变化，此种设计要求可采用如图 2-14 所示的鳞甲反射器方案。

图 2-14　鳞甲反射器方案

又如，车灯尾灯的设计，需要形成横向、纵向不同的发光角度，可采用自由曲面反射器实现；车灯前照灯的设计，需要形成非对称的光型要求，也可以采用自由曲面反射器实现。此类反射器的设计较复杂，在后续内容中将详细介绍。

任务三　反射器透镜组合形式

照明应用中单独使用透镜或反射器，无论照明目标远近没有多大区别，但从均匀性来讲，透镜会优于反射器，要根据具体情况灵活运用。一般来说，经透镜出来的光的效果没有副光斑，光形比较漂亮，尤其采用全内反射 TIR 设计，出光效率较高，主要应用于小角度灯具（光束角<60°），例如射灯或天花灯。而反射器通常应用在需要远距离聚光照明，LED 光源发光角度一般为 120°左右，为了实现想要的光学效果，灯具中有时会用反射器来控制光照距离、光照面积和光斑效果。由此可见，透镜处理小角度光线有优势，而反射器的优势在于能方便地处理大角度光线。

为了充分利用透镜和反射器各自的优点，反射器与透镜的组合照明系统也是比较常见的。例如，采用全内反射透镜与鳞甲反射器的组合可提高光通量利用率，并方便在不改变反射器外形尺寸的情况下，修改照明系统的发光角度，如图 2-15 所示。有的投射式车灯采用的是多椭球与非球面透镜的组合形式，通过多椭球对光线的汇聚以及非球面透镜的投射，最终形成符合要求的光斑效果。

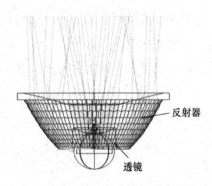

图 2-15　全内反射透镜与鳞甲反射器组合

【项目小结】

照明系统常用的光学器件中，透镜元件和反射元件都有各自的优缺点。反射器具有设计和加工方法成熟的优点，但对具有特殊光强分布的 LED 光源效果不佳；传统透镜工艺成熟，但对于用户需求的复杂配光要求设计难度很大；自由曲面透镜理论上可以实现任意复杂的配光要求，缺点是厚度较大影响散热；使用数控机床严格控制平板 PMMA 的雕刻深度可制成菲涅尔透镜，它具有任意焦距不受透镜厚度的影响，设计方便，易于批量加工等优点。

根据几何光学的相关理论，光在穿越介质的过程中发生折射现象的位置是不同介质的交界面，传统透镜由于厚重、散热性能差、焦距单一等诸多缺点，在众多复杂环境中无法得到应用。将单一焦距的传统透镜中使用特殊工艺去除适当部分便可得到应用广泛的菲涅尔透镜。有时为了充分发挥各自优点并提升光学性能，往往会把透镜元件和反射元件根据结构特点以组合搭配的形式呈现。

【思考与练习】

1. 照明灯具中使用的透镜常用哪些材料构成？

2. 照明系统中常用的透镜有哪些？各有什么特点？

3. 菲涅尔透镜的设计思想是什么？

4. 全内反射透镜的特点是什么？

5. 照明系统中常用的反射器有哪些？各有什么特点？

项目三 照明光学设计

【任务导入与项目分析】

能源问题是 21 世纪最热门的话题之一,而 LED 光源以其节能环保的优势在其中扮演着极其重要的角色。但是,由于 LED 本身的结构特点和发光特性等,它的出射光强空间分布具有朗伯分布特点,LED 不能直接用于照明,必须进行适当的光学设计,改善 LED 的光能分布,使其满足照明的要求。其中,在封装过程中的设计被称为一次光学设计,主要针对芯片、支架和模粒这三要素的设计,而 LED 之外进行的光学设计被称为二次光学设计,也叫二次配光设计,这也是本项目的主要内容。

LED 二次光学设计主要考虑的是光通量、光强、照度和亮度,而这些属于非成像光学的研究范围。在非成像光学中,评判系统性能的优劣不再适用于成像光学中的相差理论和成像质量,而是把光能利用率作为系统的评价标准。如何提高光能利用率也是照明系统的关键问题,如何将 LED 发出的光线最大限度地利用起来并满足照明要求,就是二次光学设计考虑的范畴。

任务一　全反射透镜设计

LED 光源直接输出的光发散角比较大，在远距离照明的时候，能量比较分散，目标面上的辐照度比较低，很难满足照明要求，因此，需要设计合理的二次光学系统以减少 LED 输出光的发散角。采用单个反射器，对于发散角比较大的区域光线可以很好地准直，为了发散角比较小的区域光线照射到反射器上，需要把反射器做得很深，导致了反射器的体积很大；采用单个透镜，对于小角度的区域光线可以很好地准直，为使大角度光线能照射到透镜上，透镜的口径要做的比较大。

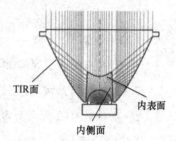

图 3-1　TIR 透镜结构

全内反射（TIR）透镜有效地将反射与透射结合起来，解决了上述提到的使用单个反射器或单个透镜的缺点。TIR 透镜的结构如图 3-1 所示。TIR 透镜工作的基本原理都是将小角度区域的光采用透射式进行准直，大角度区域的光以反射的方式进行准直。

1. 射灯透镜设计

射灯一般要求光斑均匀，且同系列产品有不同的发光角度。射灯透镜的设计分为两个部分：①光线收集系统；②调整发光角度的复眼透镜。

复眼透镜既可以实现光线角度控制，又可以达到匀光的目的。图 3-2 所示为复眼透镜均匀照明原理图。

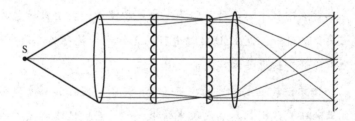

图 3-2　复眼透镜均匀照明原理图

在实际设计中，复眼透镜一般采用偏心的透镜组合而成，以实现光束角控制的同时，达到偏转光束的目的，如图 3-3 所示。在非对策配光要求灯具设计中会经常用到。

射灯 LED 透镜的设计必须满足三个方面的需求：一是 LED 透镜造型新颖、时尚美观；二是 LED 透镜的有效透光率；三是 LED 透镜与灯具搭配的可视化效果。通过以上三个方面的需求点，目前市场上射灯应用中常见的 LED 透镜设计主要有三种。

1）LED 透镜侧壁面设计采用自由曲面，近光面复眼珠面，出光角度 250°~600°可调，一般使用 PC、PMMA 材质，同时也可用于最大出光面直径 14mm 的 COB 光源射灯，其通过透镜的有效透过率最大可达到95%左右。

2）LED 透镜采用外部直面鳞甲，出光面中心复眼设计，如图 3-3 所示。

图 3-3　复眼射灯透镜

3）LED 透镜采用外部自由曲面，近光面、出光面复眼珠面设计。

后两种 LED 透镜设计通常使用 PC 材质，耐温性较高，其 LED 光源可采用贴片光源模组化或 COB 光源，出光角度 300°~600°可调，出光效果均匀。光源在外射时，模组化贴片光源可被复眼珠面打散，视觉效果类 COB 化，在光源的选择性上更具有灵活性。

除此之外，还要从需求高端化和灯具制造成本考虑，设计一款 LED 透镜要可以搭配多款光源，增大产品的通用性。合理搭配复眼珠面和外部鳞甲在射灯透镜上使用，不仅优化了整体灯具视觉效果的美观，还能有效地解决不同光源匹配不同透镜的频繁设计问题，进一步节约了灯具制造设计时间，更加有效地缩短整体灯具的研发周期。

现如今 LED 透镜已经不仅仅是为达到设计光效的基本作用，还要配合灯具的发展潮流向美观性和共用性方向发展，因此提高灯具透镜的有效透过率、光斑均匀性、共用性、美观性将是未来设计者们所关注的重点和发展方向。

2. 自行车前照灯透镜设计

自行车 LED 前照灯配光透镜包括 TIR 透镜，所述 TIR 透镜的中部从后向前依次为第一通光空腔及第二通光空腔，第一通光空腔的后端面正对 TIR 透镜的光源面，TIR 透镜的光源面嵌入安装有 LED 灯珠；第二通光空腔的前端面开在 TIR 透镜的出光面上，出光面的轴心与第二通光空腔前端面的轴心重合，出光面上半部分向外凸出形成中心厚边缘薄的外凸半球面，出光面下半部分向内凹陷形成中心凹陷深边缘薄的内凹半球面。该设计采用了凸透镜、凹透镜对光束的汇聚和发散作用，并基于棱镜对光束的偏折原理，设计了结构简单、造价低廉的自行车 LED 前照灯及配光透镜，如图 3-4 和图 3-5 所示。

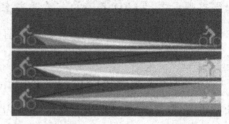

图 3-4　自行车 LED 前照灯

电源接小灯线，即开小灯时产品点亮；接雾灯线，即开雾灯产品点亮；接发动机线，即打着火行车灯点亮。

该设计产品特性如下：

1）外壳材料：采用高精密度氧化铝及 6mm 钢化玻璃透镜铸造而成；

2）外观：产品的整体外观设计，表面精细化工艺，光泽优越等，适合中档或个性化改装路线车型，能很好地满足欧美消费者的理念；

3）散热与功率：纯铝的散热能力仅次于铜，决定产品设计可以做到很足的功率；

4）防护等级：采用纯铝结构，通过防水硅胶密封，达到最高防护等级 IP68（3 米水深情况下）；

5）抗震动/抗腐蚀能力：氧化铝及 6mm 钢化玻璃结构具备很强的抗震动/抗腐蚀能力；

6）光利用率：采用 6mm 钢化玻璃，并经过配光，采用先进的恒流技术，出光均匀，光色饱满，发光角度，光色高度保持一致性；

7）产品执行标准：欧洲经济委员会 ECE R87 及中国 GB 标准，汽车昼间行驶灯配光性能；

8）IC 电路的应用：产品工作出现过电压/低电压、过电流、过热时，能起到智能调控作用，保障产品正常使用安装指南：①接后倒车灯（雾灯）并联，若开倒车灯（雾灯）则鹰眼灯开；②安装位置为后车牌灯底部。

自行车前照灯 10 米元测试面光斑图如图 3-6 所示。

图 3-5　自行车前照灯配光透镜

图 3-6　10 米元测试面光斑图

任务二　菲涅尔透镜设计

　　菲涅尔透镜是由法国物理学家奥古斯汀·菲涅尔于 1822 年研制成功并首次将其应用于灯塔上的。在大尺寸的光学仪器中，若采用普通透镜对其光学特性进行设计，则会由于其重量太重、成本太高而难以投入使用。由于普通透镜中只有透镜表面部分对光线有明显的偏折作用，而一旦光线进入透镜，光线便在透镜中沿直线传播，对光线偏折没有贡献，因此，就可以考虑尽可能多地将其中间部分的材料去掉而保留透镜表面的曲率，通过一定的调整，便可以制作出新型的透镜，即菲涅尔透镜。该透镜既可以保持透镜对光线的作用，又可以大幅度减小透镜的重量，从而降低其制作成本，故该透镜得到了广泛的应用。

　　在实际操作中是将透镜曲率压缩到同一个平面上，就会存在具有一定高度的三棱柱。菲涅尔透镜中有两个角，即倾斜角（对光线起主要作用）和锥角（对于标准透镜，该角并不参与折射，只起到一个连接的作用）。图 3-7 所为菲涅尔透镜的截面图，其中给出了各部分的名称。按规定，倾斜角为三棱柱的较长边与透镜平面的夹角，而锥角为三棱柱较短边与法向平面间的夹角，其各自对应的柱面分别为工作面和干扰面。

　　由前一项目所述，菲涅尔透镜表面由一系列环带球面组成，中心部分是一个球

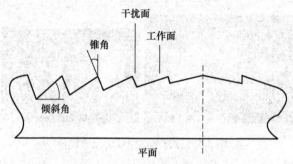

图 3-7　菲涅尔透镜截面图

冠，每个环带具有不同的表面倾角，但都将光线集中在一处，形成中心焦点，也就是透镜的焦点。每个环带都可以看作一个独立的透镜，起到不同的聚光作用。

本设计中所涉及的二次光学设计是一种非成像系统，没有严格的像质等要求，因此为了加工方便而采用一系列锥面来替代球面是合适的。如图 3-8 所示，在菲涅尔透镜左侧轴线上 F 点处，有一点光源，由它发出的光照射到菲涅尔透镜的各个环带上，而后汇聚到另一侧的 F′ 点处。由于环带宽度较小，故投射到第 i 个环带的光与光轴的交角可同视为 β_i。

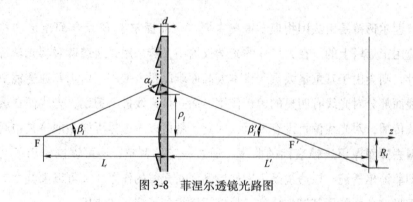

图 3-8　菲涅尔透镜光路图

其中，L、L' 分别为物距与像距；α_i 为环带锥面与基底的倾角；ρ_i 为第 i 个环带到光轴的距离；R_i 为第 i 个环带折射到目标屏上的光斑半径；d 为基底厚度。

菲涅尔透镜的设计可以分为三个步骤：

1）利用标准菲涅尔透镜的成像关系，确定菲涅尔透镜各环带初始角度的分布；

2）根据本设计要求调整角度分布以优化投光效果；

3）考察安全性和加工公差对菲涅尔透镜投光效果的影响。

为了确定菲涅尔透镜各环带初始角度的分布，首先要获得菲涅尔透镜的焦距，然后由焦距计算透镜的曲率半径（通常考虑平凸型），再细分环带，最终得到各环带的斜率，即倾角分布。这里把菲涅尔透镜做薄透镜近似处理，根据 LED 到菲涅尔透镜距离（物距）和菲涅尔透镜到目标屏距离（像距），利用成像公式

$$\frac{1}{L'} - \frac{1}{L} = \frac{1}{f} \tag{3-1}$$

可计算出菲涅尔透镜的焦距 f，以及 LED 的封装结构半径。由平凸型薄透镜焦距与透镜表面曲率半径 r 的关系式为

$$r = (n-1)f \tag{3-2}$$

利用各环带的三角几何关系可得出每个锥面和底面的夹角 α_i

$$a_i = \arcsin\left[\frac{\rho_i}{(n-1)f}\right] \tag{3-3}$$

这样只要确定了透镜焦距、环带宽度和透镜材质折射率，就可以计算出菲涅尔透镜的倾角分布。

由成像关系式（3-1），选择适当的菲涅尔透镜焦距可以获得符合设计要求的半径为 0.5m 的投射光斑，但此光斑仅是 LED 排布结构的放大影像，光分布并不均匀。为了改善投射效果，考虑先缩小影像，再拉长菲涅尔透镜部分环带焦距以扩散光强分布而达到均匀效果，其本质就是改变菲涅尔透镜各环带的倾角分布。

通过上述步骤，得到了满足本项目设计要求的菲涅尔透镜的环带角度分布，加上合适的基底厚度，就完成了菲涅尔透镜光学加工的结构设计。此外，考虑到当前的光学加工水平，还需考察加工精度对菲涅尔透镜投光效果的影响，再加上眩光等安全性检查，以验证本设计的合理性。

经过数值模拟后得到一组合适的结构参数，将 LED 阵列平面放置于距透镜 9mm 处，并将投射屏置于距透镜 3m 的位置，得出该透镜的焦距为 9.03mm，设定平凸型菲涅尔透镜整体半径为 21mm，环带宽度为 0.3mm，基底厚度为 1mm，可得出菲涅尔透镜每个环带的倾角 α_n，由于是在焦距为 9.03mm 条件下，菲涅尔透镜中半径大于 3mm 的环带已严重偏离傍轴近似条件，使成像关系式不再成立，因此本项目把半径大于 3mm 的环带倾角 α_n 统一取作半径为 3mm 处环带的倾角值。

根据以上菲涅尔透镜的结构参数进行光学建模，并将其导入光学设计软件中进行光线追迹，其光强分布如图 3-9 所示。从图中可以看出，该曲线的半高宽大约为 700mm，大部分光线集中于观察区域中心，近似于 LED 阵列的放大影像，亮度对比

大，容易产生眩光，不符合均匀照明设计要求，因此有必要对其进行优化，以扩大投射范围，降低亮度对比。

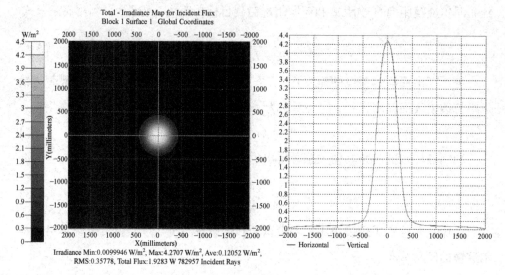

图 3-9　优化前光强分布

根据优化目标方案，逐步增大菲涅尔透镜各环带的焦距，也就是减小各环带的倾角分布，调整后的投射区域中心亮度仍然较大，因此，进一步增大透镜中心环带倾角，从而减弱中心区域的光强分布。经多次调整后，得到了较满意的结果，光斑内光强分布基本均匀，如图 3-10 所示。

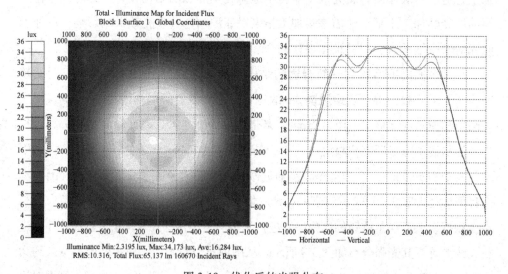

图 3-10　优化后的光强分布

任务三 鳞甲反射器设计

在灯具设计中，特别是研发投光灯、轨道灯等类型灯具时，经常会遇到系列化设计问题。在不修改基本外形结构的情况下，要想获得不同的发光角度，且照度均匀，故提出了一种通过鳞甲片改变出光角度的反射器设计方案，包括鳞片参数的计算、基面合理分隔方法、实际仿真模拟。

（一）反射器基面设计

反射器基面设计主要是针对光源中心与反射器顶面距离 H、反射器出光面开口直径 D，以及反射曲线的设计，如图 3-11 所示。

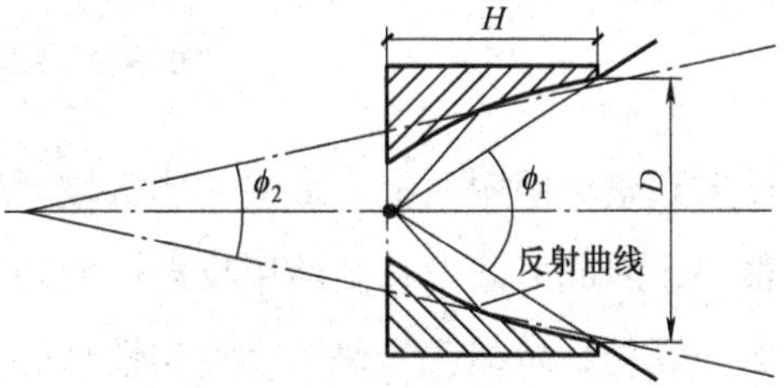

其中，H 与 D 共同决定溢散光出光角

图 3-11　反射器基面设计

ϕ_1；反射曲线决定光线通过反射后出光角 ϕ_2。本项目设计基于抛物线型反射罩。反射曲线选用抛物线型，光源置于焦点处，反射后出光角度 ϕ_2 近似零度。溢散光出光角度 60°，保证大部分光线经过鳞甲面反射后不会再次反射，同时散逸光出光角不宜过大，以保证光能利用率。

（二）鳞甲反射器设计

光源出射光线通过抛物线型基面条件下球面鳞甲反光片反射，出射光线角度改变如图 3-12 所示。图中 O 为坐标原点，S 为光源，处于抛物线焦点位置。光源发出任意方向小角度光线，入射光线 1、入射光线 2 分别与抛物线母线交于 A、B 两点。SN 为 ∠ASB 的角平分线，出射光线 2 与 Y 轴平行。出射光线 1 与出射光线 3 夹角为 β，入射光线 1 与入射光线 3 夹角为 θ。三条入射、出射光线的角平分线延长线共同交于 M 点，该点为近似交点，θ 角取值越小，三条延长线越趋于一点。α 角为入射、出射光线 1 角平分线与入射、出射光线 3 角平分线之间的夹角。同一基面下鳞甲片设计由上述角度决定，最终确定 M 点坐标与鳞甲片半径 R 即可。

其中，θ 为基面分割角度，以球面作为鳞片面型时采用等角度划分法。β 为出射光角度，该角度根据设计辐照强度分布要求确定。鳞甲匀光原理与复眼匀光原理相似，可将不均匀宽光束转化为均匀光斑。图 3-12 中 θ 角度内的光线通过鳞甲

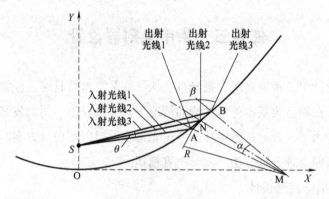

图 3-12　鳞甲片反射

面反射到整个照明面上，最终照明区域为所有鳞甲面反射照明的叠加。由于 θ 角度很小，因此可假设每个鳞甲反射照明均匀，则最终叠加照明效果也均匀。因而基面分隔份数越多，光斑照度均匀性越好。但分隔份数过多会使鳞甲片交界处产生杂光增多，导致光效降低，故需要对此特性进行分析，找出光能利用率与匀光效果之间的平衡点。

1. 鳞甲片半径与球心位置计算

图 3-13 中单个鳞甲片反射光线可由边缘光线计算得出出射光线角度分布，

即由 θ 角与 α 角，可确定 β 角，三个角度已知两者即可计算得出第三个角度。鳞甲片反射可简化为球形鳞甲反射点切平面反射光线，不同入射光线简化为同一入射光线与反射面法线夹角不同。两个鳞甲切面夹角即为两条角平分线的夹角。

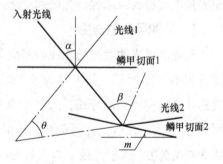

图 3-13　鳞甲片反射简化图

图 3-13 中，α 为入射光线与鳞甲切面 1 法线夹角；β 为入射光线与鳞甲切面 2 法线夹角；θ 角为出射光线夹角；m 角为鳞甲切面夹角。由图 3-13 可知，鳞甲切面夹角 $m=\beta-\alpha$，又出射光线夹角 $\theta=2\beta-2\alpha$，由此可知 $m=1/2\theta$，从而图 3-12 中 α、θ、β 角度关系为

$$\alpha=\frac{1}{2}(\beta-\theta)　　　　　　　(3-4)$$

如图 3-12 建立坐标，光源 S 位于抛物线焦点。设图 3-12 中 A 点坐标为（x_a，

y_a)，抛物面方程为 $2py=x^2$，OA、OB 夹角为 θ，设 B 点坐标为 (x_b, y_b)，则 AB 两点间距为

$$L=\sqrt{(x_a^2-x_b^2)+(y_a^2-y_b^2)} \qquad (3-5)$$

图 3-12 中出射光线 2 仍保持与 Y 轴平行，需保证圆弧在 N 点处与反光罩抛物线相切，同时切面重合，因而实际圆弧球心不在 A、B 点处出射光线与入射光线角平分线交点处，但是偏差很小，相较于光源面积对于发散角度影响可以忽略。因此在后续鳞甲面半径与球心位置计算中假设球心位于 N 处入射光 2 与出射光 2 角平分线上，且最终鳞甲面既在 N 点与抛物面相切，同时经过 A、B 两点。

根据边缘光线与基面交点 A、B 两点间距，角平分线夹角 α，估算小曲面曲率半径为

$$R=\frac{L}{2\sin\dfrac{\alpha}{2}} \qquad (3-6)$$

与 B 点坐标同理求得 N 点坐标为 (x_n, y_n)，设角平分线 NM 所在向量为 $\left(-1, \dfrac{p}{x_n}\right)$，该向量可由抛物线切线法向量公式求得，设 M 点坐标为 (x_m, y_m)，则可以求出圆心 M 坐标为 $\left(\dfrac{pR}{\sqrt{p^2+x_n^2}}+x_n, \dfrac{x_nR}{\sqrt{p^2+x_n^2}}+y_n\right)$。

2. 鳞甲片圆周切割角度

光线经单个鳞甲片反射，圆周方向与基准面母线方向由于像差的产生，圆周方向照明角度相比母线方向较小，因而鳞甲片两方向分割角度需要根据模拟仿真调整，找到合适的比例。

图 3-14 中以 20°匀光鳞甲片反射器，照明目标 1m 处半径 700mm 圆形区域为例，采用矩形鳞甲分隔方式。图 3-14a 鳞甲片圆周方向与基面母线方向长度比为 1.6:1，最终照明区域为目标区域，且在区域内基本均匀。图 3-14b 鳞甲片圆周方向与基面母线方向长度比为 1:1，照明区域成矩形。图 3-14c 鳞甲片圆周方向与基面母线方向长度比为 1:2.5，照明区域为细长矩形。同一圆周鳞甲片最终照明为图示单个鳞甲片照明区域围绕目标区域中心旋转一周叠加的照明效果，中右两种圆周分割方式经旋转叠加后，势必造成最终光斑的中心照度增加，边

缘照度降低，造成光斑不够均匀。经过仿真验证，该种角度下，一般圆周分割鳞甲长度为母线方向鳞甲片宽度的 1.6 倍左右时可以得到母线圆周两方向到最为对称的照度结果。不同角度下该比值关系需要根据实际情况通过仿真调整比例关系。

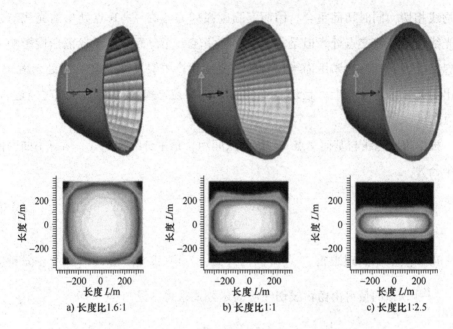

a) 长度比1.6:1 b) 长度比1:1 c) 长度比1:2.5

图 3-14　鳞甲片圆周方向与基面母线方向长度分隔对比

3. 鳞甲片阵列结构设计

鳞甲反射片的阵列结构同时影响发散角和发光强度分布，采用合理的微结构排布方式可以显著提高匀光效果。本设计鳞甲结构采用球面结构，常用排布方式有矩形、菱形、六边形等，如图 3-15 所示。

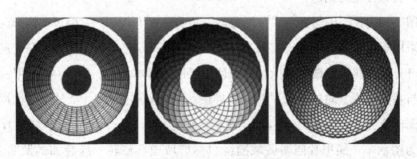

图 3-15　鳞甲结构排列方式

鳞甲反光器出光面为圆形，最终照明区域也为圆形区域。不考虑像差的情况下，不同阵列结构鳞甲片形状与单个鳞甲片反光后照明区域轮廓形状相同，因而鳞甲片越接近圆形，则最终匀光效果越好。

（三）仿真效果

分别建立三种鳞甲面反射器，并在出光口径 1000mm 处分别设置 350mm×350mm，750mm×750mm，1200mm×1200mm 接收屏，三种尺寸接收屏分别对应 20°、40°、60°发散（FWHM）角 1m 处照明尺寸。同时设置远场接收器，最终进行光线追迹，经过鳞甲面反射，照度均匀性显著提高。在图 3-16 中观察照度图可以发现，随着鳞甲反射器发散角度增加，匀光效果逐渐变差。这是由于随角度增加部分光线需经过两次反射才能够从反射器出光面射出，且大角度下经过单个鳞甲片反射光斑像差增大，照明区域趋近鹅蛋形状，经叠加中心照度比边缘强。图 3-17 所示分别为三种发散角对应光强分布，三种角度下匀光效果与光能利用率见表 3-1。

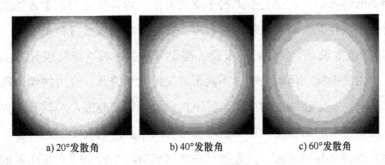

a) 20°发散角　　　　b) 40°发散角　　　　c) 60°发散角

图 3-16　20°、40°、60°发散角模拟结果

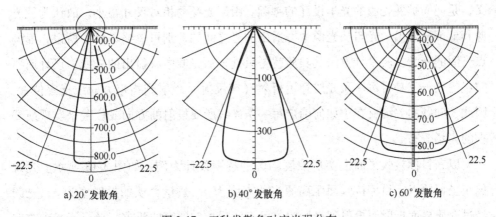

a) 20°发散角　　　　b) 40°发散角　　　　c) 60°发散角

图 3-17　三种发散角对应光强分布

表 3-1　鳞甲反射器系统仿真结果

发散角/(°)	结果			
	最大光强 I/cd	光通量 Φ/lm	光效 (%)	照度均匀性 (%)
20	1120	106.55	76.11	89.12
40	260	117.05	83.61	87.44
60	75	126.21	90.18	81.62

合理设计鳞甲结构，配合基面特性，能够更好地解决系列产品匀光特性，为解决系列化产品问题以及均匀照明提供了新的解决方案。

任务四　自由曲面透镜设计

照明应用中为了实现对光能传播的调控，往往需要借助一些光学曲面，如球面、抛物面或椭球面等，这类曲面属于常规曲面，均有具体的数学表达式。常规曲面设计自由度较低，对光束的控制有限，容易造成能量浪费和光污染（如眩光等）。为了打破常规光学曲面的局限性，需要寻求一种具有更高设计自由度的光学曲面，自由曲面就应运而生了。不同于常规的光学曲面，自由曲面可视为由许多曲面片在满足一定连续性约束的条件下构成的。每个曲面片均具有独立的数学表达式，而由所有的曲面片构成的自由曲面无法用具体的数学表达式表示。

任何光源都是有尺寸的，点光源只是针对相对尺寸较小的光源而采取的近似办法，是一种理想化光源。但是，面向点光源的光学设计仍然有其必要的研究意义，是面向扩展光源的光学设计的基础。由于光源的相对尺寸很小，故认为从光源其他部分发出的光与从光源中心射出的光之间的差别可忽略不计。所以，面向点光源的光学二次设计方法其实质就是只处理从光源中心射出的光线。设计所要完成的任务就是将每一条光线经过折射（或反射）投射到指定方向或指定位置。因此，问题的关键就在于如何确定每一条光线所要投射的方向或位置来实现所要求的光场分布。

以在目标接收平面上实现照度均匀的透镜设计为例，如图 3-18 所示。光源位于坐标原点，目标接收面距离原点的高度为 h，透镜介质的折射率为 n，光线经过介质界面折射而投射到目标接收面来实现均匀照度的要求。平行于光轴方向

（Z 轴）的出射光线入射到目标接收面的中心，随着出射光线与光轴的夹角逐渐变大，夹角为 θ_1 和 θ_2 的出射光线分别入射到目标接收面上的半径为 r_1 和 r_2 的位置上。因此，合理地分配各光线的走向，即可实现目标接收面上的照度均匀。考虑到与光轴的夹角为 θ_2 的光线入射到目标接收面上半径为 r_2 的位置上，与 Z 轴的夹角小于 θ_2 的光线入射到目标接收面上的位置。因 θ_2 和 r_2 是任选的一条光线，故关系式实际上就决定了光源每条光线的走向。通过能量守恒关系和光的折反射定律就可以得到介质界面的解析式，从而求得满足设计要求的自由曲面。

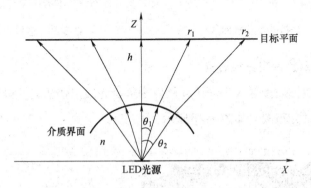

图 3-18　实现照度均匀的透镜设计示意图

这里只举例基于点光源的自由曲面透镜设计，为了简单一些，省略了其中复杂的数值计算等。而基于扩展光源的自由曲面透镜设计，涉及优化算法相对复杂许多，可自行查阅资料学习，在此不再赘述。

（一）基于点光源的照度均匀自由曲面透镜设计

1. 提出设计的目标与要求

使用一个朗伯分布的 LED 光源，使光源发出的光经过透镜后折射到距离为 $h=3\,\mathrm{m}$ 的目标接收面上，形成一个半径为 $3\sqrt{3}\,\mathrm{m}$ 的照度分布均匀的圆形光斑，即在 $r\leqslant3\sqrt{3}\,\mathrm{m}$ 的范围内照度 $E=E_\mathrm{c}$，而当 $r>3\sqrt{3}\,\mathrm{m}$ 时 $E=0$。

2. 编写程序，建立实体模型

根据前面提到的设计方法，在 MATLAB 编程软件中编写程序实现算法。设定初始值为透镜高度 $H=15\,\mathrm{mm}$，求出自由曲面在 $X\text{-}Z$ 平面内的曲线的离散点坐标，如图 3-19 所示。然后将这些离散点坐标导入三维制图软件 SolidWorks 中，拟合成实体模型，如图 3-20 所示。

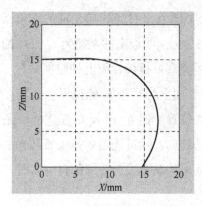

图 3-19　透镜外形轮廓曲线

图 3-20　透镜实体模型

3. 光学仿真，得出模拟效果

将得到的实体模型导入 TracePro 软件中进行光线追迹仿真，得到该模型照明目标面上的照度分布图，如图 3-21 所示。

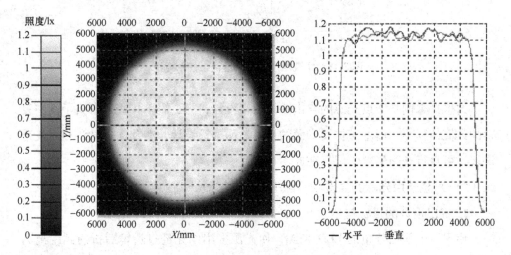

图 3-21　透镜仿真照度分布

仿真结果的数据：光源总光通量为 100lm，接收面上半径为 $3\sqrt{3}$ m 的目标照明区域内接收到的光通量为 96.011lm，即光能的利用率为 96.011%；并由照度分布图可见，在目标照明区域内，照度分布的均匀度达到 95% 以上。因此，设计的透镜自由曲面是符合设计要求的。

（二）基于点光源的小角度均匀照明系统设计

1. 设计原理

透镜设计的原理如图 3-22 所示，由于整个系统关于 Z 轴旋转对称，因此图中只表示出系统剖面的一半。光源位于坐标系的原点，光线接收面距离光源的高度为 h，透镜介质的折射率为 n，光线经过介质界面的折反射后投射到目标接收面上。

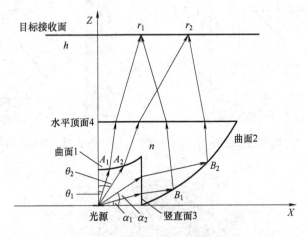

图 3-22 系统设计的原理示意图

设计中，将光源发出的光线分成两部分，与 Z 轴夹角较小的光线经过曲面 1 和曲面 4 后投射到目标接收面上，与 Z 轴夹角较大的光线经过曲面 3、曲面 2 和曲面 4 后投射到目标接收面上。考虑到过多的设计自由度会大大增加系统设计的难度，将透镜的顶部曲面 4 设定成一个水平面，将曲面 3 设定成一个竖直面，因此曲面 1 和曲面 2 就是设计的主要对象，这样就有效地降低了系统的复杂度。设计过程中，分别对曲面 1 和曲面 2 进行设计。

2. 编程实现算法，建立实体模型

设计目标：使用一个朗伯分布的 LED 点光源，使光源发出的光经过配光器后投射到距离为 $h=3\mathrm{m}$ 的目标接收面上，形成一个半径为 $r=0.4\mathrm{m}$ 的照度分布均匀的圆形光斑，即实现角度约为 7.5° 的小角度均匀照明。

根据上述的设计原理，并结合步进法的设计方法，在 MATLAB 编程软件中编程实现算法。设定初始值：透镜的高度为 11.9m，曲面 1 的初始点为 (0, 0, 2.7mm)，曲面 2 的初始点为 (9.10772mm, 0, 8mm)，求出自由曲面在 X-Z 平面内的曲线的离散点坐标，如图 3-23 和图 3-24 所示。然后将这些离散点坐标导入三维制图软件 SolidWorks 中，拟合成实体模型，如图 3-25 所示。

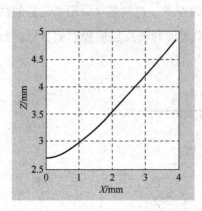

图 3-23 曲面 1 的剖面曲线图

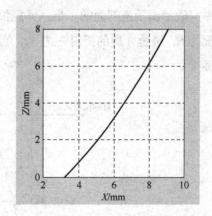

图 3-24 曲面 2 的剖面曲线图

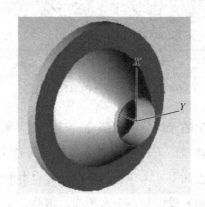

图 3-25 透镜实体模型

3. 光学仿真，得出模拟效果

将得到的实体模型导入 TracePro 软件中进行光线追迹仿真，得到该光学系统模型的照明目标面上的照度分布，如图 3-26 所示。

模拟结果数据：光源的总光通量为 100lm，接收面上半径为 0.4m 目标照明区域内的光通量为 85.428lm，即光能的利用率为 85.428%；由照度分布图可看出，在目标照明区域内，照度分布的均匀度达到 85% 以上。应该说，设计的透镜系统是符合小角度均匀照明的设计要求的，达到了预期的设计目标。

4. 基于点光源的自由曲面光学设计的问题

LED 作为新一代的绿色光源，正在被广泛大量地应用于当代照明领域中，包括路灯、汽车前照灯、景观灯等领域。在二次光学设计过程中将 LED 视为理想

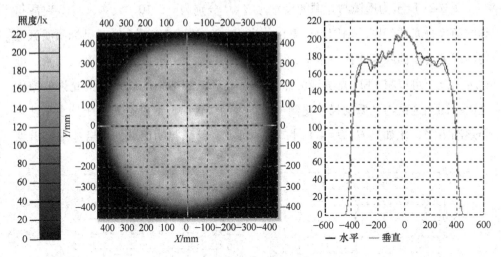

图 3-26　照明面上的照度分布图

点光源，通过相应的能量对应关系能够设计出效果较好的光学配光器模型，这是目前针对单颗 LED 光源所采取的一种普遍的光学设计方法。

现实中，不论什么样的光源都是有尺寸的，而点光源只不过是为了便于光学设计而采用的理想化光源，是基于光源的相对尺寸（相对于配光器件来说）较小的情况下的一种近似。因此，基于点光源的自由曲面光学设计存在的问题就是：当 LED 光源的相对尺寸变大，即 LED 光源的尺寸和配光器的尺寸较为接近时，若再将 LED 光源近似成点光源来进行二次光学设计，则设计出来的光学模型与预期效果会出现较大的差距。

这里以实现目标接收面上照度均匀的透镜设计为例来说明，LED 光源的尺寸（即直径）与透镜的尺寸（即高度）之间的示意图如图 3-27 所示。图中 D 表示 LED 光源的直径，H 表示透镜的高度。

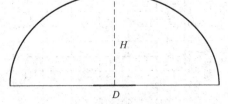

图 3-27　LED 光源尺寸与透镜的尺寸示意图

透镜设计采用基于点光源的照度均匀自由曲面透镜设计，即前面（一）所提到的透镜设计，透镜自由曲面的截面轮廓曲线如图 3-19 所示，透镜的实体模型如图 3-20 所示。将基于点光源的透镜实体模型导入 TracePro 光学软件中，设定不同的透镜与光源的尺寸比 $H：D$，然后分别进行光线追迹仿真，查看结果。

    图 3-28 所示为透镜与光源的尺寸比 $H:D$ 分别为∞、10、5、4、3、2 时所得到的照度分布曲线图。由图可以看出，当 $H:D=5:1$ 或者更大时，目标照明区域内的照度分布曲线相对比较水平，即照度均匀度很高，达到均匀照度的要求，故这种情况下可以将 LED 光源视为点光源来处理，其结果的误差在可允许的范围之内；而当透镜与光源的尺寸比例进一步逐渐接近时，照度分布曲线的水平性就会逐渐下降，比如当 $H:D=4:1$ 时，由图可见，目标照明区域的边缘地带已出现

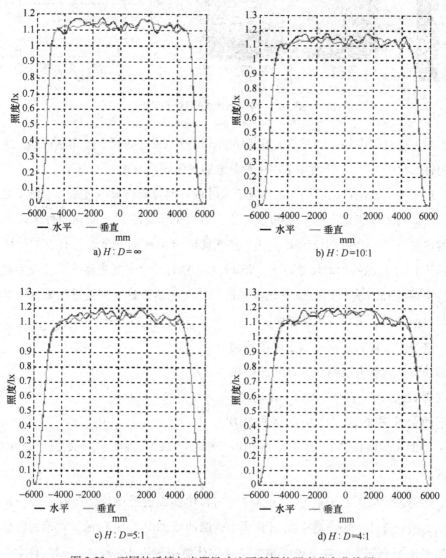

图 3-28　不同的透镜与光源尺寸比下所得的照度分布曲线图

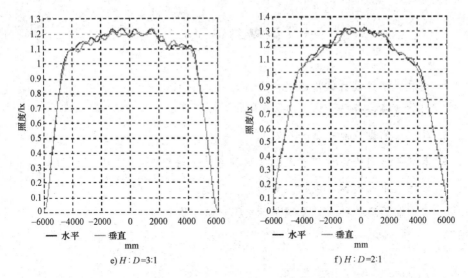

图 3-28　不同的透镜与光源尺寸比下所得的照度分布曲线图（续）

照度下降的趋势，而当 $H:D=3:1$ 及 2:1 时，照度下降的范围从目标区域的边缘延伸到内部，且目标区域外的照度值也变大，光线所投射到的区域已超出了设计所要求的目标照明区域，特别是当 $H:D=2:1$ 时，产生了比较大的偏差，偏离了最初的设计要求。

由此可见，基于 LED 点光源的光学自由曲面设计是针对 LED 光源的相对尺寸较小时的一种理想化处理方式，当透镜与光源的尺寸比较大时这样的近似处理尚且适用，而当透镜与光源的尺寸比较小时这样的近似处理就会带来误差，偏离设计目标。因此，基于 LED 点光源的二次光学设计方法在面对 LED 扩展光源时是无法直接套用的，必须寻找新的理论来支持 LED 扩展光源的光学设计。

【项目小结】

本项目从光度学基本知识的角度详细介绍了关于 LED 照明光学设计技术，主要就二次光学设计即 LED 配光问题进行了具体阐述，涉及全反射透镜设计、菲涅尔透镜设计、鳞甲反射器设计和自由曲面透镜的设计。当然，照明中二次光学设计方法还有很多，本项目列举的这些特例详细介绍和分析以及配光设计，其他类型的照明设计可以参考这些设计方法，举一反三。

【思考与练习】

1. 全反射透镜设计的思路是什么?

2. 射灯透镜设计的步骤是什么?

3. 导光管的设计原理是什么?

4. 菲涅尔透镜的设计方法有哪些?各有什么特点?

5. 简述鳞甲反射器的设计步骤?

6. 自由曲面透镜的设计原理是什么?设计步骤如何?

项目四　照明散热系统设计

【任务导入与项目分析】

LED 是一种能够将电能转换成光能的半导体，目前大功率 LED 的电光转换效率仅为 20%~30%，有 70%~80% 的电能转换成了热能。如果热量不能有效地散出去，则会引起 LED 芯片结温升高，导致发光波长红移、光衰加剧、寿命缩短等问题。结温过高会导致输出光通量下降，影响光效；结温过高还会使荧光粉效率下降，影响色温。因此散热问题是 LED 照明普及和发展的最大瓶颈，如何提高大功率 LED 的散热能力是实现产业化亟待解决的关键技术之一。

任务一　散热基础

散热的目的是控制产品内部所有电子元器件的温度，使其在所处的工作环境条件下不超过标准及规范所规定的最高温度。最高允许温度的计算应以元器件的应力分析为基础，并且与产品的可靠性要求以及分配给每一个元器件的失效率一致。

（一）热量传递的三种基本方式

热量传递一般有三种基本方式，即热传导、热对流、热辐射。

1. 热传导

热传导是介质内无宏观运动时的传热现象，其在固体、液体和气体中均可发生，但严格来说，只有在固体中才是纯粹的热传导，而流体即使处于静止状态，其中也会由于温度梯度所造成的密度差而产生自然对流，因此，在流体中热对流与热传导同时发生。

物体或系统内的温度差是热传导的必要条件。或者说，只要介质内或者介质之间存在温度差，就一定会发生传热。热传导速率取决于物体内温度场的分布情况。

热量从系统的一部分传到另一部分或由一个系统传到另一个系统的现象叫传热。热传导是三种传热模式（热传导、对流、辐射）之一。它是固体中传热的主要方式，在不流动的液体或气体层中层层传递，在流动情况下往往与热对流同时发生。

导体中存在大量不停地做无规则热运动的自由电子。一般晶格振动的能量较小，自由电子在金属晶体中对热的传导起主要作用，所以一般的电导体也是热的良导体，但是也有例外，比如说钻石。事实上，珠宝商可以通过测钻石的导热性来判断钻石的真假。在液体中热传导表现为：液体分子在温度高的区域热运动比较强，由于液体分子之间存在着相互作用，故热运动的能量将逐渐向周围层层传递，引起了热传导现象。热传导系数小，传导得较慢，它与固体相似；不同于气体，气体分子之间的间距比较大，气体依靠分子的无规则热运动以及分子间的碰撞，在气体内部发生能量迁移，从而形成宏观上的热量传递，如图 4-1 所示。

2. 热对流

热对流是指热量通过流动介质，由空间的一处传播到另一处的现象。火场中通风孔洞面积越大，热对流的速度越快；通风孔洞所处位置越高，热对流速度越快。热对流是热传播的重要方式，是影响初期火灾发展的最主要因素。影响热传导的主要因素是温差、导热系数及导热物体的厚度和截面积。导热系数越大、厚度越小、传导的热量越多，如图 4-2 所示。

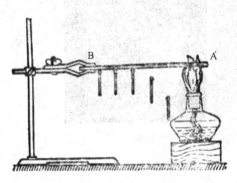

图 4-1 热传导

被加热的汤从锅底上升

热汤外流并冷却

冷汤下沉

火焰从下加热汤锅

图 4-2 热对流

3. 热辐射

物体因自身的温度而具有向外发射能量的本领，这种热传递的方式叫作热辐射。热辐射虽然也是热传递的一种方式，但它和热传导、对流不同。它能不依靠媒质把热量直接从一个系统传给另一个系统。热辐射以电磁辐射的形式发出能量，温度越高，辐射越强。辐射的波长分布情况也随温度而改变，如温度较低时，主要以不可见的红外光进行辐射，在500℃甚至更高的温度时，则顺次发射可见光以至紫外辐射。热辐射是远距离传热的主要方式，如太阳的热量就是以热辐射的形式，经过宇宙空间再传给地球的。

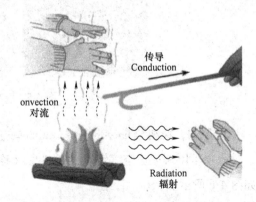

传导 Conduction

onvection 对流

Radiation 辐射

图 4-3 热传递的三种基本方式之间的联系与区别

热传递的三种基本方式之间的联系与区别如图 4-3 所示。

(二) 散热设计术语

散热设计中常提到的名词对象有：单板、散热器、风扇、导热界面材料、换热器、热管、均温板、冷板等，下面做简单介绍。

1. 单板（PCB，PWB）

PCB（Printed Circuit Board）即为印制电路板，又俗称单板、板子等，如图4-4所示。它是重要的电子部件，电子元器件通过单板互相连接。常说的"走线""布线"等，就是元器件之间的信号线如何在单板内部排布。

图 4-4　单板

2. 散热器（heatsink，finstack）

通常由铝铜等制成，大多为翅片形状，作用是在一定空间内与外界实现更大的接触面积，同时兼顾对流体产生的阻力。广义上来讲，所有可以把热源的热量吸走，随后散逸到周围环境中的结构件，都可以称为散热器，如图 4-5 所示。

图 4-5　散热器

3. 风扇，风机（fan，blower，airmover）

风扇是用来加速空气流动的部件，又称为风机，分为轴流风扇和离心风扇，如图 4-6 所示。

图 4-6　风扇

4. 导热界面材料（thermal interface material，tim）

刚性固体接触面间会产生细小的缝隙，可以用柔性的介质填充这些缝隙，连接导热路径，如图 4-7 所示。导热界面材料是这类材料的统称，有导热衬垫（thermal pad），导热硅脂（thermal grease）、导热凝胶（thermal gel）等，如图 4-8 所示。

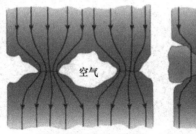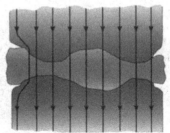

空气

刚性面间的空气隙示意图　　　　导热材料填充效果图

图 4-7　导热界面

a) 导热衬垫　　　　b) 导热硅脂

图 4-8　导热界面材料

5. 换热器（heat exchanger）

换热器可以认为是散热器的一种，换热器通常不直接冷却热源。如图 4-9 所示的电脑 CPU 液冷模块，其中的水排就是典型的换热器。这一换热器直接冷却的不是发热源，而是用来冷却热源的液体工质，即它是间接低冷却热源。

图 4-9　换热器

6. 热管和均温板（heat pipe and vapor chamber）

热管和均温板都是利用相变换热传热效率高这一特点制作出的高传热效率的

部件，在高功率密度的场景中应用广泛。热管可以简单地理解为一根导热系数非常高的管，均温板则可简单地理解为一块导热系数非常高的板，如图 4-10 所示。

图 4-10　热管和均温板

7. 冷板（cold plate）

冷板一般指液冷设计中装配在发热源上方的、内部有液体工质流过的结构件。消费电子如 CPU，GPU 等，冷板尺寸一般较小，又称为冷头，如图 4-11 所示。

图 4-11　冷板

任务二　散热途径与材料选择

散热的目的是控制产品内部所有电子元器件的温度，使其在所处的工作环境条件下不超过标准及规范所规定的最高温度。最高允许温度的计算应以元器件的应力分析为基础，并且与产品的可靠性要求以及分配给每一个元器件的失效率相一致。

1. 照明灯具的散热途径

现在大街上随处可见的 LED 显示屏，还有装饰用的 LED 彩灯以及 LED 车灯，处处可见 LED 灯的身影，LED 已经融入生活中的每一个角落。依据不同的封装技术，其散热方法亦有所不同，而 LED 各种散热途径方法大致有以下几种：

1）从空气中散热；

2）热能直接由系统电路板导出；

3）经由金线将热能导出；

4）若为共晶及制程，则热能将经由通孔至系统电路板导出。

一般而言，LED 芯片（Die）以打金线、共晶或覆晶方式连接于其基板上（Substrate of LED Die）而形成一个 LED 芯片（chip），而后再将 LED 晶片固定于系统电路板上。因此，LED 可能的散热途径为直接从空气中散热，或经由 LED 芯片基板至系统电路板再到大气环境。而散热由系统电路板至大气环境的速率取决于整个发光灯具或系统的设计。

然而，现阶段整个系统的散热瓶颈，多数发生在将热量从 LED 芯片传导至其基板再到系统电路板。此部分的可能散热途径：其一为直接借由芯片基板散热至系统电路板，在此散热途径里，LED 芯片基板材料的热散能力是相当重要的参数；其二，LED 所产生的热也会经由电极金属导线而至系统电路板，一般而言，利用金线方式做电极接合下，散热受金属线本身较细长的几何形状限制。因此，近来有共晶（Eutectic）或覆晶（Flipchip）接合方式，此设计大幅度缩短导线长度，并大幅增加导线截面积，如此一来，借由 LED 电极导线至系统电路板的散热效率将有效提升。

经由以上散热途径解释，可得知散热基板材料的选择与其 LED 晶粒的封装方式是 LED 散热管理中极重要的一环，后段将针对 LED 散热基板做概略说明。以上就是 LED 技术的相关知识，相信随着科学技术的发展，未来的 LED 会越来越高效，使用寿命也会有很大的提升，为人们带来更大便利。

2. 照明灯具的散热材料

LED 作为卤素灯、白炽灯和荧光灯照明系统的替代品，其在照明市场中的发展将是很可观的。LED 的增长归功于 LED 在适应性、寿命和效率方面优于传统照明形式。LED 有更多的设计自由度，提供非常长的使用寿命，并且也相当高效，能将大部分能量转换成光，从而最大限度地减少散发的热量。

然而，LED 仍然会在半导体结处产生明显的热量。这种热量会对 LED 产生不利影响，因此必须进行散热，以确保实现固态照明（SSL）的真正优势。LED 通常通过色温进行分类，市场上有很多不同颜色的变体。

假如 LED 的工作温度发生变化，其色温也会发生变化。例如，白光的温度升高，可导致 LED 发出较暖的 CCT。另外，如果在相同阵列中的 LED 上存在芯片温度的变化，则可能发射一定范围的色温，从而影响终端照明产品的质量和外观。

见表 4-1，保持 LED 的正确芯片温度不仅可以延长使用寿命，而且还可以产生更多的光，因此，可以只需要少数量的 LED 就可以实现期望的效果。工作温度的升高可能会对 LED 的性能产生负面的影响，但这种影响是可以恢复的。然而，如果超过结温，特别是高于 LED 的最高工作温度（120~150℃），则可能会发生不可恢复的影响，导致完全失效。

表 4-1　CREE XLamp LED 性能与温度的关系

温度/℃	光通量/lm	电压/V	功效/(lm/V)
25	196. 1	3. 237	86. 5
60	182. 2	3. 149	82. 7
85	172. 3	3. 087	79. 7

表 4-1 为 CREE XLamp LED 性能随温度的变化而变化。

实际上，工作温度与 LED 的寿命直接相关，温度越高，LED 寿命越短，如图 4-12 所示。LED 驱动器也是同理，其寿命是由电解电容器的寿命决定的。通过计算可以确定，工作温度每下降 10℃，电容器的寿命增加一倍。因此，确保有效的散热管理可为 LED 阵列提供一致的质量、外观和使用寿命，从而为不断发展的行业开辟进一步应用的机会。

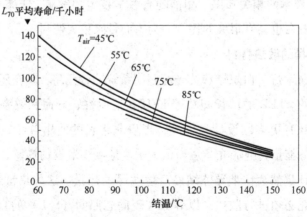

图 4-12　CREE XLamp LED 在 350mA 驱动下的结温与寿命间的关系

　　有许多方法来改善 LED 产品的散热管理，必须选择正确类型的导热材料，以确保实现所需的散热效果。在材料领域，产品范围从提供散热和环境保护的导热封装树脂到用于提高导热效率的导热接口材料。

　　导热接口材料是设计用于填充器件和散热器之间间隙的化合物，从而降低两者之间边界处的热阻。这种材料会加快热损失，降低设备的工作温度。固化产品也可用作黏合材料，实例包括硅氧烷 RTV（室温硫化）或环氧化合物。材料的选择通常取决于所需的黏合强度或工作温度范围。

　　导热的另一个选择是使用导热封装树脂。这些产品设计用于提供对设备的保护，同时还让设备内产生的热量散发到周围环境中。在这种情况下，封装树脂变成散热器，并将热能从设备传导出去。这些产品可用在 LED 装置上，并且还可以根据所选择的颜色帮助从单元内进行光提取。

　　封装树脂还包括使用导热填料，然而，可以改变所使用的基础树脂、硬化剂和其他添加剂，以提供广泛的选择，包括环氧树脂、聚氨酯和硅树脂化学品。不同的化学材料将提供一系列的属性，每个都应该考虑到最终的应用需求。

　　封装材料选择：例如，聚氨酯材料提供优异的柔韧性，特别是在低温下，相对于环氧树脂类来说是一个主要优点。有机硅树脂也可以在低温下提供这种灵活性，并提供优异的高温性能，超过其他现有的化学成分。有机硅产品通常也更昂贵。

　　环氧树脂类非常坚固，在各种恶劣环境中提供卓越的保护。它们是具有低热膨胀系数的刚性材料，并且在一些情况下可以在产品中加入一定程度的柔性。封装树脂的加入可以为各种应用产生大量的具有定制性能的产品；因此，建议与相关材料供应商详细讨论应用。

　　不管选择的散热产品的类型如何，还有一些关键属性也必须考虑。这些可以是相当简单的参数，例如设备的操作温度、电气要求或其他限制条件，如黏度、固化时间等。

　　大功率 LED 热分析中还有一个非常重要的参数就是热阻。热阻是指稳定状态下热流从一个较高温度结点流到一个较低温度结点的量度。其值通过两结点间温度差除以耗散功率来计算（定义源于 JEDEC 标准 EIA/JESD51-1）。

　　热阻值一般常用 R 表示，可由下式计算：

$$R = \frac{\Delta T_j}{P} = \frac{T_j - T_a}{UI}$$

式中，T_j 为结面（界面）位置的温度，也是大功率 LED 使用中的最高温度，通常在结的位置；T_a 为热沉（散热器）的温度（通常用环境温度）；P 为输入的发热功率。热阻单位为 K/W（常用单位为℃/W）。

热阻反映了 LED 芯片封装的散热能力。热阻大表示热不容易传递，难以把 LED 芯片产生的热量传递出去，因此组件所产生的温差就比较大；反之，热阻小表示芯片封装具有较强的散热能力，能迅速将热传导到外界环境中。因此，设法降低灯具热阻，可降低 LED 的温升，提高它的使用可靠性。

依据傅里叶方程，一层材料热传导模型的热阻计算如下：

$$R_{th} = \frac{L}{\lambda A}$$

式中，L 为热传导方向的距离（m），即界面材料的厚度；A 为热传导通道的截面积（m^2）；λ 为热传导系数 [W/(m·K)]，又称为材料的热导率。越短的热传导距离、越大的截面积和越高的热传导系数对热阻的降低越有利，这就要求设计合理的封装结构和选择合适的材料。

在产品选择中需要考虑另一个重要因素，即散热管理材料的应用。无论是封装化合物还是界面材料，导热介质中的任何间隙都会导致散热速率的降低。

对于导热封装树脂来说，成功的关键是确保树脂可以在单元周围流动，包括进入任何小间隙。这种均匀的流动有助于去除任何气隙，并确保在整个单元中不产生热量。为了实现这种应用，树脂需要正确的导热性和黏度。通常，随着树脂的导热性增加，黏度也增加。

对于界面材料来说，产品的黏度或应用时可能的最小厚度对热阻有很大的影响。因此，与具有较低堆积导热率、较低黏度的产品相比，高导热性、高黏度的化合物虽然不能均匀地扩散到表面上，但是具有较高的耐热性和较低的散热效率值。为了将传热效率最大化，用户需要解决堆积热导率、接触电阻、应用厚度和工艺。

表 4-2 突出了需要考虑这些要求。通过测量使用中的发热装置的温度，比较散热的潜在差异。这些结果是基于一名终端用户的工作得出的，其所有产品都是热界面材料，使用相同厚度，使用相同的方法。

表 4-2　CREE XLamp LED 导热接口材料特性与温度的关系

产品序号	体积传热系数/ [W/(m·K)]	设备温度/℃	温度降低/℃
没有接口	N/A	30	N/A
1	12.5	22	27
2	1.0	24	20
3	1.4	21	30
4	4.0	23	23

从表 4-2 可以清楚地看出，较高体积热导率 12.5W/(m·K) 与较低的 1.4W/(m·K) 相比，不一定会有更有效的散热。这个原因可能是加工方法不适合该产品、该产品不易于应用，或者该产品不是为该特定应用设计的。无论什么原因，它突显了产品应用和产品选择的重要性；通过找到这两个参数的正确平衡，可以实现最大的传热效率。

回顾图 4-12 LED 性能与寿命中的原始数据，并以上述结果为例，可以得出结论：散热管理材料的使用和正确选择很重要。以表 4-2 中的产品 2 为例，在测试应用程序中，将工作温度降低了 20%。如果对所讨论的 LED 实现类似的降低百分比，则通过将工作温度从 85℃降低至 68℃，效率可以大大提高，类似地，寿命从 95000 小时提高到 12 万小时。这是一个很大的改进。

然而，当把上面的情况与表 4-2 中的产品#4 进行比较时，通过降低更多的工作温度，可以将效率提高大于 3%，寿命从 95000 小时增加到 14 万小时。因此，通过选择正确的产品并使用最佳工艺，用产品#4 代替产品#2 时，寿命可以进一步提高 15%~20%。

随着电子工业的迅速发展，更具体地说在 LED 应用中，材料技术也必须满足越来越高的散热要求。该技术现在也被转移到封装化合物中，为产品提供更高的填料负载，从而提高导热性以及改善流动性。

任务三　散热系统设计

目前大功率 LED 灯主要散热技术有散热片、热管、均温板、辐射涂覆层、导热膏、导热垫片等。散热片是利用扩大的表面积将热对流散发到环境中，影响散热片散热性能的因素有散热片形状，翅片数量、间距、尺寸大小、倾斜角度，散热片的材料以及加工工艺等，也是最常用的散热技术，本部分内容中模型灯具就是采用散热片来散热的。热管是利用冷凝液相的循环变化，将 LED 发出的高热量导出并散发掉。一般情况下热管冷端与散热片配合使用，以达到更好的散热效果。均温板与热管的原理类似，只是热管是一维单向传热，而均温板为面传热，具有二维性，使整个散热器表面温度均匀。辐射涂覆层是在散热器外表面涂覆散热涂料，提高辐射率，使热更有效地辐射出去。而导热膏与导热垫片是为了减小接触热阻。散热片有时简称为热沉。

（一）热分析工具

热分析软件能够比较真实地模拟系统的热状况，能够在产品设计阶段对其进行热仿真，确定出模型中温度的最高点。如果超过允许使用温度，则需对散热措施进行改进，使其达到使用要求。这样可减少设计成本、再设计和再生产的费用，提高产品的一次成功率。

目前热分析软件多种多样，主要有 ANSYS、FLUENT、EFD、ICEPAK 及 FloTherm 等。

1）从操作性上来讲，EFD 嵌入 PRO/E、SW、CATIA 软件中，该软件模型建立比较方便，设置简单，对于工程中的粗略计算比较有用，但是该软件占用系统资源较多，网格不宜划分过多，计算精度也不高。

2）从适用性上来讲，ICEPAK 嵌入了 ANSYS WB12.1 中，能够处理一般复杂的曲面，模型导入功能得到了相当大的提升，软件操作简单，与 EFD 一样，不需要手动计算流态，可以处理复杂网格，计算速度快。

3）从电子散热传统来讲，FloTherm 比 ICEPAK 更广，长期占据电子热分析市场，但是该软件处理曲面较难。对于 LED 灯具设计者来说，模型处理是一个关键问题。

4）从专业上来讲，ANSYS 和 FLUENT 是学术和论文的首选软件，它们讲求从理论精确计算。ANSYS 软件是基于有限元的方式，计算结果精度高，适用于理论基础较高者使用，可以方便地实现手动编程和优化设计。

基于上述比较，一般采用 ANSYS 软件进行热分析。

（二）大功率 LED 灯的热分析

对一款大功率 LED 灯为模型进行研究，运用 ANSYS 软件对该灯具进行热仿真分析，分析步骤为建立简化模型、设置边界条件、划分网格并计算。

1. 灯具物理模型

选用浙江某 LED 公司研制的一款大功率 LED 隧道灯作为研究模型，如图 4-13 所示，该灯具由 LED 灯珠、灯盖、皮垫、透镜、电路板、散热片及电源等组成。

其中，灯珠如图 4-14 所示，属于集成式封装结构。每个灯珠封装 9 个 GaN 蓝光芯片，三串三并连接起来，芯片表面涂有荧光粉进行光补偿，用环氧树脂将芯片封装，并用银胶将其固定于铜热沉上，加装透镜，用金线连接电极。热沉与电路板通过导热硅胶相连，电路板与散热片通过散热片四边上的螺钉固定，为减小接触热阻，线路板与散热片中间层也涂覆导热硅胶。

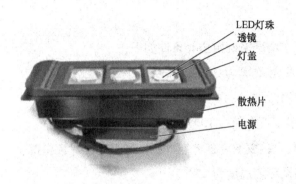

LED灯珠
透镜
灯盖
散热片
电源

图 4-13　LED 隧道灯结构外形

图 4-14　LED 灯珠外形

2. 灯具热网络模型

由灯具结构可分析该 LED 灯的散热途径主要有三个：

1）芯片→荧光粉层→环氧树脂→透镜→环境；

2）芯片→金线→支架→电路板→导热硅胶→散热片→环境；

3）芯片→银胶→铜热沉→导热硅胶→电路板→导热硅胶→散热片→环境。

由于封装用的环氧树脂热导率只有 $0.2\mathrm{W/(m \cdot K)}$，在这里做绝热处理。另外金线的面积很小，其传热效果微乎其微，所以主要的散热途径为第三个，即芯片发出的热量由热沉、导热硅胶、电路板、导热硅胶传导到散热片上，再由散热片以对流方式进入空气中。

依据上述分析的主要散热途径来对模型进行简化：将 LED 灯珠透镜简化为长方体以减小计算量；将芯片与热沉间的银胶简化为 0.1mm 的薄板；灯珠与散

热片之间的导热硅胶简化为 0.3mm 的薄板。简化后的结构如图 4-15 所示，其热网络如图 4-16 所示。

图 4-15 简化结构

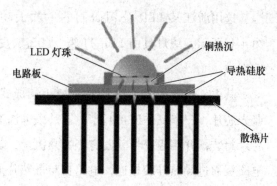

图 4-16 LED 等热网络图

3. 灯具热分析

根据灯具的运用场合和实际工作情况来确定边界条件如下：

1）每个芯片功率为 1.5W，发光效率为 20%，所以每个芯片发热功率为 1.2W，即将每个热源的总发热功率定义为 1.2W。

2）该灯具为隧道灯，且最高温度不会超过 100℃，故不考虑太阳辐射。

3）在实际使用过程中，该灯具直接安装在外界空气中，属于自然对流情况，故定义箱体 6 个面均为打开，并假设环境温度为 25℃。

参考实验结果及相关材料手册，确定各材料特性见表 4-3。

表 4-3 材料导热系数表　　　[单位：W/(m·K)]

材料	银胶	铜	电路板	导热硅胶	散热片	皮垫	透镜
导热系数	5	340	10	5	230	1	1

最后对该灯具划分网格并进行稳态计算后得到整体温度分布结果，如图 4-17 所示。

图 4-18 表明灯具最高温度集中在芯片处，且最高温度高达 76.23℃，考虑一定的误差，极有可能超过最大允许结温 80℃，可见，该 LED 灯具目前的散热情况

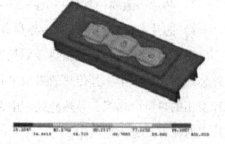

图 4-17 LED 灯整体温度场分布

比较差，有必要对目前散热系统进行改善。分析该灯具温度高的主要原因是电路板层厚度大且导热性差，另外散热层太多，产生了导热瓶颈，热量不能很好地传导。

4. 改进设计

传统散热技术分为主动式散热和被动式散热，散热片属于被动式散热，即依靠空气自然对流散发热量，而主动式散热包括热管、热电制冷技术、纳米传热技术、微喷散热技术、微通道散热技术、风扇、均温板、冷板等。对灯具散热结构进行改进的思路为：首先考虑可以对电路板进行挖空处理，然后对散热片的尺寸进行优化选择，最后研究界面材料对散热过程的影响，并设计了其他三种方案，即在散热片上加装热管、加装风扇、将散热片改用均温板材质。

对以上这些方案的仿真结果进行对比与分析后，提出了可行的建议。

（1）电路板挖空方案 改进设计应该遵守 LED 散热设计的一般原则：在合理的范围内结构层越少越好，层的厚度越薄越好，层的面积越大越好，材料的导热系数越大越好。对于该 LED 灯，将电路板进行挖空处理，使热沉与散热片直接相连，这样减少了电路板层和导热硅胶层，更有利于热传导。

改进后的热网络模型减少了电路板层和一层导热硅脂。热传导路线为芯片→导热硅脂→铜热沉→导热硅胶→散热片→环境，于是热网络如图 4-18 所示。

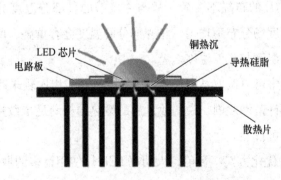

图 4-18 改进后的 LED 灯热网络

模拟结果如图 4-19~图 4-23 所示。图 4-19 所示为整个 LED 系统的温度分布图，图 4-20~图 4-23 所示分别为 LED 芯片、铜热沉、导热硅胶及散热片的温度分布。

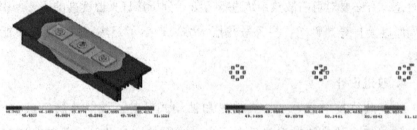

图 4-19　挖空电路板后的 LED 灯整体温度场分布　　图 4-20　LED 芯片温度场分布

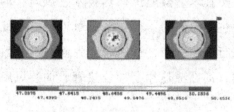

图 4-21　铜热沉温度场分布

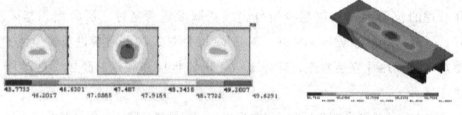

图 4-22　导热硅胶温度场分布　　图 4-23　散热片温度场分布

　　由于 LED 芯片的布局不一致，故与之接触的各部分温度分布也不均匀。此外由于各层的温度场分布不均匀，相邻部分的温度会有重叠，所以各层的温度带采用该部分最高温度与最低温度之差。

　　从仿真结果中可以读取结点温度为 51.1226℃，相比较未改进模型温度降低了很多，且在允许范围之内，说明改进后的散热结构满足了散热要求，证明了改进后散热结构的可行性。

　　（2）散热片优化方案　　目前，大功率 LED 灯使用最多的散热技术是散热片，散热片是利用较大的散热面积来对流散热。对散热片而言，形状、加工工艺、尺寸及材料是决定散热性能的几个重要因素。下面主要对散热片的尺寸进行优化。

　　散热片主要尺寸包括翅片厚度 A、翅片间距 B、翅片高度 H 及散热片底板厚度 C，如图 4-24 所示。本例中 $A=2$mm，$B=6$mm，$H=40$mm，$C=4$mm。

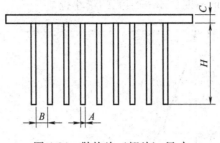

图 4-24　散热片（翅片）尺寸

运用 ANSYS 参数化设计功能来对该隧道灯的散热片进行尺寸优化，优化流程如下：

1）首先当 $H=40$mm，$C=4$mm 时，分别取 A 为 1.5mm、2mm、2.5mm、3mm，B 为 4.5mm、5mm、5.5mm、6mm，对 A、B 进行组合以得到 16 组值，仿真计算后得到 16 种情况下的结温，并将同一 A 值下结温与 B 值的关系绘制成曲线，如图 4-25 所示。

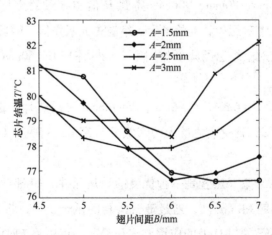

图 4-25　不同翅片厚度下结温随翅片间距的变化关系

由图 4-25 可以看出，对于同一个 A 值，4 条曲线有类似的变化趋势，都是随着翅片间距的增大，结温先降低后升高，另外从图中还可以看出，当 $A=2$mm，$B=6$mm 时结温最低。

2）在 $A=2$mm，$B=6$mm，$H=40$mm 的情况下，取 C 为 3mm、4mm、5mm、6mm、7mm、8mm、9mm，得到 C 值与结温的关系，绘制成曲线，如图 4-26 所示。可以看出，随着基板厚度的升高，结温先快速降低，随之变得平缓甚至有略微的升高，且在 C 为 6mm 时，取得结温的最小值。

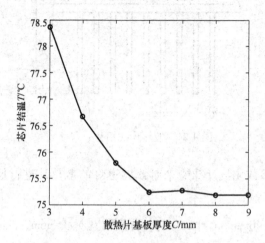

图 4-26　散热片基板与结温的关系

3）在 $A = 2\text{mm}$，$B = 6\text{mm}$，$C = 6\text{mm}$ 的情况下，分别取 H 值为 30mm、40mm、50mm、60mm、70mm、80mm、90mm，得到 H 值与结温的变化关系，如图 4-27 所示。可以看出，随着翅片高度的增大，结温先大幅降低，随后变得缓慢，可见适当升高翅片高度对于结温的降低作用很大，另外当 $H = 60\text{mm}$ 时为翅片高度和结温的最佳值。

则当 $A = 2\text{mm}$，$B = 6\text{mm}$，$C = 6\text{mm}$，$H = 60\text{mm}$ 时散热片的散热效率为最佳，此时结温为 70.97℃，比优化之前大约降低了 5.35℃，可见，对散热片进行优化的效果很明显。

（3）加装热管方案　热管是一种优良的导热元件，如图 4-28 所示，外部为铜壁，内部有吸液芯和冷凝液，通过液气两相的循环变化，将 LED 发出的热量导出并散发掉。热管在 LED 上的应用有多种形式，可以将 LED 芯片直接安装在热管吸热端的顶部，也可将其加工成平板式、回路式。热管的特点是能够将热量传输到较远的、容易散热的位置，在实际应用中方便、灵活。

下面设计了散热片加装热管的散热方案，加装热管后结构如图 4-28 所示，本研究将 2mm 平板式热管蒸发端穿过芯片底部的热沉，并以工字形弯折，冷端垂直穿插在翅片中，每个芯片底部加装一根热管。设置热管的轴向热导率为 30000W/(m·K)，另外两个方向为 450W/(m·K)。

仿真结果显示，加装热管后芯片结温降低了 2.24℃，可见，加装热管有利于结温的降低，在以后的研究工作中还可以尝试改变热管安装位置或者尺寸来得到更好的散热效果。

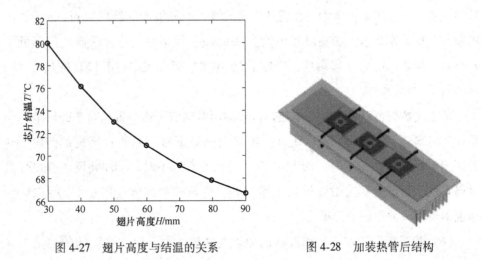

图 4-27　翅片高度与结温的关系　　　　图 4-28　加装热管后结构

（4）界面材料优化方案　热阻是反映阻止热量传递能力的综合参量，等于热流通道上的温度差与耗散功率之比，单位为 K/W。当热量在物体内部以热传导的方式传递时，遇到的热阻称为导热热阻。当热量流过两个接触固体的交界面时，由于缝隙产生的热阻为接触热阻。在灯具的制造过程中，导热硅胶或银胶等界面材料就是用来降低接触热阻的，但是这些界面材料本身的导热率不高，造成了热传导过程中的瓶颈。针对这一热现象，本研究对芯片与铜底座之间的界面材料进行研究，选择了几种不同导热率的界面材料来模拟热分布，不同界面材料下、不同结构芯片的最高温度结果见表 4-4。

表 4-4　不同界面材料下、不同结构芯片的最高温度

界面材料热导率/[W/(m·K)]	芯片 1 最高温度/℃	芯片 2 最高温度/℃
2	101.93	69.66
5	49.87	68.26
8	76.23	67.47
10	74.54	66.05

由表 4-4 数据可知，界面材料导热率稍微增大，结温将会大幅降低，所以提高界面材料导热率对 LED 散热有着非常大的作用，应把更多的精力放在设计和

选用更好的界面材料上，从而降低界面材料这一导热瓶颈的影响。

（5）加装风扇方案　风扇属于风冷强制散热，可以较大程度地提高散热片散热效果。加装风扇方案为：在翅片垂直的端面上分别加装类型为 intake 的轴流风扇。分析结果显示：加装质量流量为 0.01kg/s 风扇后，芯片最高温度降低了 9.76℃；加装 0.02kg/s 风扇后，降低了 16.01℃，可见风扇对于 LED 散热具有明显的效果。

从上述数据可以看出，在增强热传导的同时应该更加注重热对流的影响。但是加装风扇还存在两个问题：①如何确保风扇寿命和 LED 寿命匹配的问题，一般风扇寿命多为几千小时，而 LED 寿命可长达 5 万小时；②加装风扇会使灯具显得笨重。如果能够有效地解决上述问题，将风扇很好地运用在 LED 灯具上，那也不失为一种很好的选择。

（6）均温板设计方案　均温板的原理与热管相似，但是热管的传热是一维单向的，而均温板是二维的面传热方式。均温板可以使热量分散，减小扩散热阻。该方案是将散热片用均温板材料制造的，仿真结果显示，均温板的散热效果比较明显，结温降为 71.09℃，降低了 5.15℃，另外，散热片在平面方向上的温度非常均匀，可见均温板也是一种好的选择。

这部分内容举例一款大功率 LED 灯进行了热分析与改进设计，并应用 ANSYS 软件对改进前后 LED 灯具进行温度仿真分析，从而优化整个照明散热系统设计。结果显示，要增强 LED 灯具的散热性能可以采取下面四种方式：①对电路板采用挖空处理；②加装风扇来增强强制对流作用；③采用均温板材料或者热管技术；④提高界面材料热导率。

【项目小结】

散热技术是 LED 照明灯具设计的关键技术之一，良好的散热效果是照明灯具性能及使用寿命的保证，只有充分了解 LED 灯具热量产生及传递的路径，散热技术方案的设计才会更有针对性。通过掌握散热材料的热学、光学参数，借助分析模型，从影响热量传递的各个环节上优选最合适的材料；并且可以借助散热仿真软件，模拟分析 LED 灯具的热量分布，节省时间和成本，优化散热设计方案；同时 LED 驱动电源设计、光学设计与散热设计是息息相关的，需要综合考虑。

【思考与练习】

1. 照明灯具通过热传导、热对流和热辐射三种散热方式如何散发热量？针对不同的散热方式分别有哪些设计要求？

2. 照明灯具的散热途径或散热通道是什么？

3. 照明系统散热设计过程中材料如何优选？

4. 如何在 ANSYS 中查看内部的热应力分布？

项目五　光源灯具设计

【任务导入与项目分析】

　　照明技术中光场分布是通过对光线传播方向的控制，最终实现光通量的合理分配，满足照明设计要求的过程。而控制光线的途径，在照明光学设计里，一般采用光的几何光学传播规律，即折射和反射（很少使用物理光学原理）。对光线的折射和反射，离不开透镜元件和反射元件。而这些光学元器件的设计和仿真模拟需要借助于照明设计软件，常用的容易上手的照明光学设计软件是 Tracepro，它有强大的分析功能，适用于大多数照明系统设计仿真。

任务一　Tracepro 简介

　　Tracepro 是一套可以做照明系统分析、传统光学分析、辐射度以及光度分析的软件，它是由符合工业标准的 ACIS 立体模型绘图软件所发展出来的光机软件。

它提供了简单易用的图形接口，所以用户能够轻易地检视模型，建立立体对象，以及设定材料特性、表面性质和光源特性。它可以同时开启多个档案窗口来完成编辑。

1. Tracepro 的操作界面介绍

安装好 Tracepro 软件后，程序会自动创建多种语言快捷方式，如英文版、简体中文版等。其中 CHS 表示简体中文版，可通过工具下拉菜单进行修改。若不选择则默认是英文版，将其打开，得到如图 5-1 所示的操作界面。

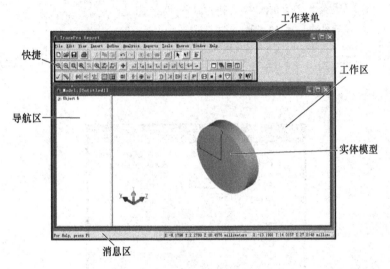

图 5-1　Tracepro 的操作界面

从图 5-1 可知，Tracepro 软件的主界面，分为五个部分，即工作菜单、快捷菜单按钮栏、系统树导航区、模型视图区域或工作区、坐标状态栏或消息区。

下面简单介绍常用的快捷按钮（见图 5-2）。

特性修改路径：View→Preferences，此处可以设置 Tracepro 操作界面中显示方面的参数，如界面的显示单位、缩放时的倍率、显示光线的颜色和方式等（见图 5-3）。

View→Customize，此处可以设置 Tracepro 操作界面中运行方面的参数，如导航区的位置、模型的显示方式、模型的颜色、背景的颜色等（见图 5-4）。

2. Tracepro 模拟步骤

Tracepro 模拟步骤主要包括：建立模型、光学特性、光源设定、分析功能。

（1）建立模型　建立模型的方法有以下三种：

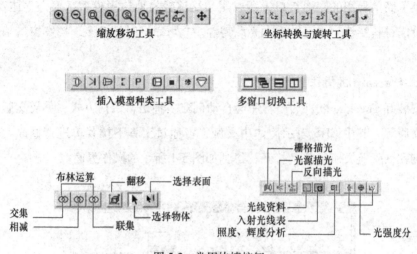

图 5-2　常用快捷按钮

图 5-3　特性修改路径

1）Tracepro 自建模。利用 Tracepro 软件本身的功能建立各种模型面、平面、曲面、球面、非球面体、球体、正方体、锥体和环等。

2）在专业 3D 设计软件中建模，然后导入 Tracepro。在 PRO/E、UG、CAD 或 SolidWorks 等 3D 专业模型设计软件中将实体建好，保存为 igs、sat、stp 等格式，导入 Tracepro 并设置属性后，就可进行模拟。

3）光学软件建模。Tracepro 与很多光学模拟软件，如 ZEMAX、OSLO、Code V 等是共用的，所以可以直接用 Tracepro 打开这些软件保存的文档。

首先介绍 Tracepro 软件自建模方法。

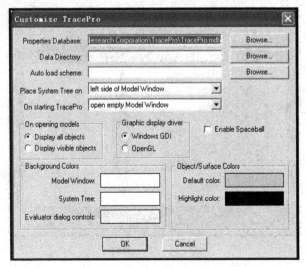

图 5-4　运行参数设置

Tracepro 软件本身提供了一个强大的模型库，使用者可以根据自己的需要选择不同的模块来建立模型。其路径就是 Insert（见图 5-5）。

图 5-5　插入模块

若选择"插入透镜"，则为 Insert→Lens Element（见图 5-6），主要要点：①透镜材料选择；②透镜参数设置；③透镜的位置设置。

也可以在这里选择插入菲涅尔透镜，Insert→Fresnel Lens（见图 5-7）。

也可以在这里插入反射器，Insert→Reflector（见图 5-8）。

其次，专业 3D 设计软件中建模，然后导入 Tracepro 方法。有两种 3D 模型导入方式：

1）File→Open（见图 5-9）。

2）Insert→Part（见图 5-10）。

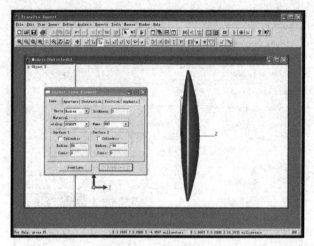

图 5-6　插入透镜

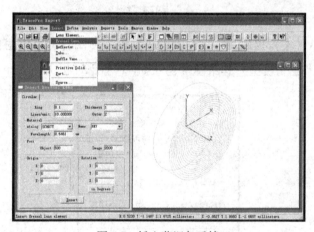

图 5-7　插入菲涅尔透镜

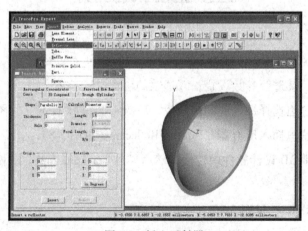

图 5-8　插入反射器

图 5-9　模型导入方式一

图 5-10　模型导入方式二

最后，在光学软件中的建模，Tracepro 可以直接读取其他程序建好的模型，简单方便。图 5-11 所示为通过 Tracepro 打开 OSLO 文档。

（2）光学特性　Tracepro 建模后，就要对模型进行属性的设置，光学特性在 Tracepro 的模拟中非常重要，模拟的目的是模拟结果与实际更为接近。所以光学特性的定义就是给模拟效果一个好的开始。

路径：Define→Apply Properties（见图 5-12）。

1）Material 用来定义实体的材料。如图 5-13 所示，材料为 BK7 玻璃，材料的名称下面表示出材料的各种光学特性，即色散系数、相对波长的折射率、材料

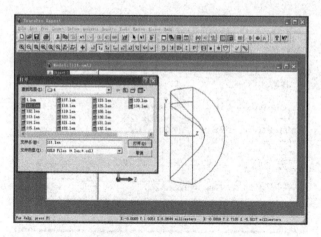

图 5-11　通过 Tracepro 打开 OSLO 文档

图 5-12　光学特性的定义

的吸收率。而且，也可以通过最下方的 View Data 更改材料的这些属性。

2）Surface 用来定义表面属性。可以在此处对模型的表面进行定义，如表面被设置为镜面、吸收面、散射面，或者在模型的表面定义一些薄膜等。

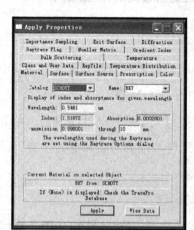
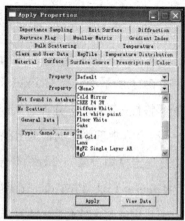

图 5-13　实体材料和表面属性的定义

（3）光源设定　图 5-14 所示为一个 LED 光源投射在 1m 处的光斑照度效果图。在图的下方注释模拟结果，即最大照度、平均照度、接收面接收到的光通量参数等。

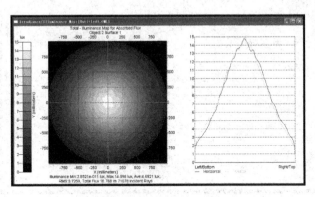

图 5-14　照度效果图

（4）分析功能　光强分析参数设置：方向参数的设置 Normal Vector 主方向光源投射的方向，输入不同的数值，软件会通过坐标自动计算出该方向（见图 5-15）。Up Vector 参考方向与主方向垂直。

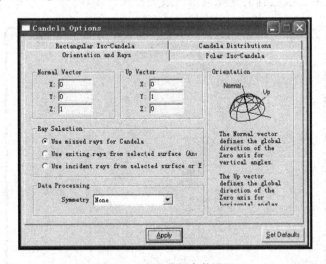

图 5-15　光强分析参数设置

Smoothing 设定光强分析的区间大小，设置的数目越大，分析的区间越小（见图 5-16）。当数目增大到一定程度时，配光曲线的光强不再变化，此时得到合适的模拟值。

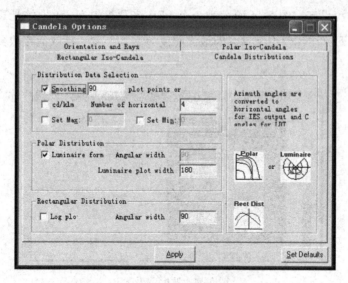

图 5-16　Smoothing 设定光强分析的区间大小

光强分析——极坐标配光曲线。

图 5-17 所示为一个 LED 光源的极坐标配光曲线图。在图的下方已注明模拟的结果，即效率、接收到的光线数目、最大光强、接收到的光通量。

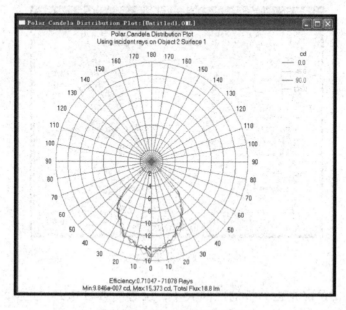

图 5-17　极坐标配光曲线图

光强分析——直角坐标配光曲线（见图 5-18）。

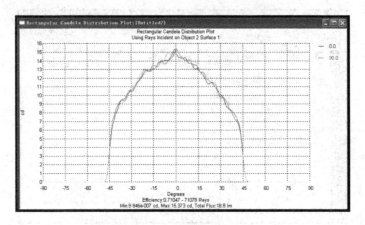

图 5-18　直角坐标配光曲线

任务二　Tracepro 设计实例

Tracepro 设计实例。设计要求：

1）光源：Cree LED Q4，110lm。

2）光斑要求：1m 处最大光斑直径不于小 1m，中心光斑直径不于小 0.12m。

3）照度要求：1m 处最大照度要达到 4000lx。

4）透明件：3mm 钢化玻璃。

5）反光杯尺寸：25mm×20mm。

6）光源：总光通量 110lm，半光强角度 110°。

7）配光：截光角不应小于 27°，半光强角不小于 6°。

8）照度：中心光强大于 4000cd。

通过分析，可以得出：设计需要一个聚光的反光杯，且反光杯的口径与深度的比值接近于 1。

（1）导入光源　Insert→source（见图 5-19）。

（2）建立模型　Insert→Reflector（见图 5-20）。

建立好模型后，需要通过 Apply Properties 为模型添加表面属性。单击导航区中模型的名字，然后单击鼠标右键，选择 Apply Properties，在 Apply Properties 中选择 Surface。在 Surface 的下拉表格中有多种反射面模式，可以根据自己的需要选择合适的反射面，也可以单击 View Data，自定义反射面的属性（见图 5-21）。

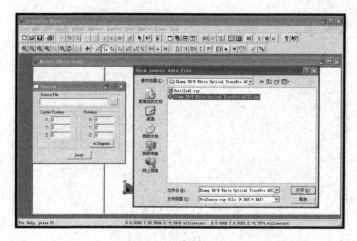

图 5-19　导入光源

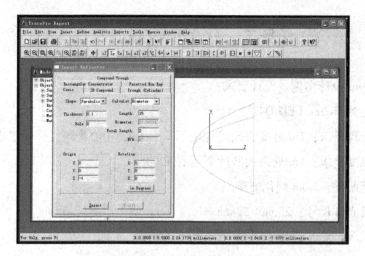

图 5-20　建立模型

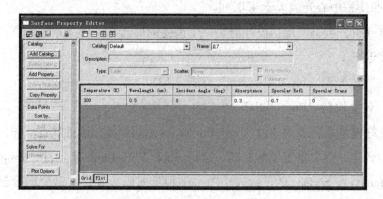

图 5-21　添加表面属性

反光杯建好后，材料属性也定义完毕，需要根据要求在反光杯的前方添加3mm的钢化玻璃（见图 5-22）。

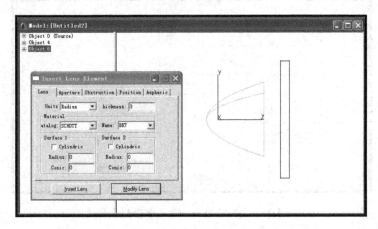

图 5-22　在反光杯前方添加 3mm 的钢化玻璃

（3）添加一个接收平面　模型添加完毕后，最后需要添加一个接收平面。接收平面可以根据实际需要定义它的大小和位置。模拟完毕后，可以从接收平面上得到有效光效、光斑效果等模拟结果。

首先，Insert Primitive Solide，添加接收平面。

其次，将接收平面通过 Apply Properties 中 Surface 定义为 Perfect Absorber。

最后，单击，开始模拟。

（4）查看模拟结果　极坐标配光曲线（见图 5-23）。

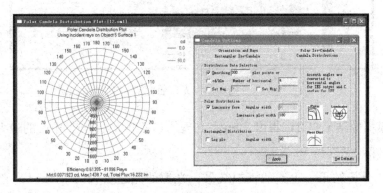

图 5-23　模拟结果——极坐标配光曲线

从模拟的结果中可以得出，灯具效率为 61%，最大光强为 1438.7cd。

直角坐标配光曲线见图 5-24。

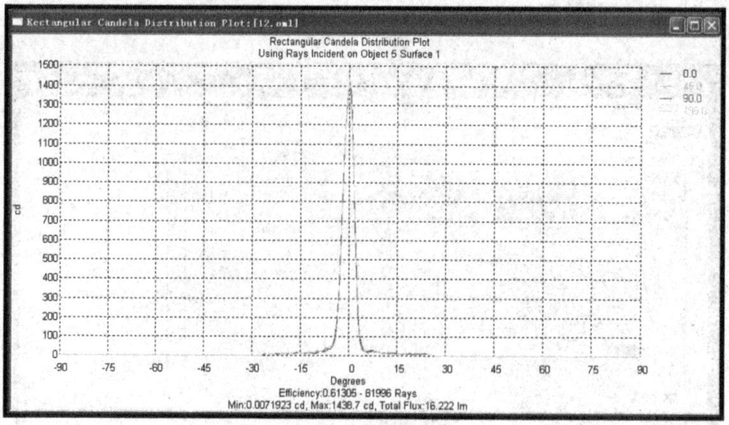

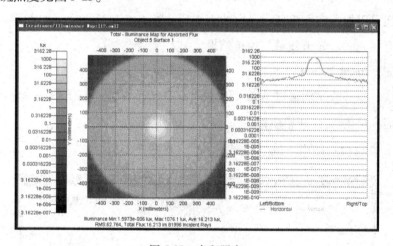

图 5-24　模拟结果——直角坐标配光曲线

从模拟的结果中可以得出，半光强角为 6°。

光斑照度见图 5-25。

图 5-25　光斑照度

从模拟的结果中可以得出，1m 处光斑的直径略大于 1m，中心的最大照度为 1076lx，平均照度为 16.2lx。

（5）分析结果　上述的模拟结果，光源的光通量为 26.4lm。当光源的光通量为 120lm 时，半光强角不变，光斑的大小尺寸不变，中心光强为 6086.8cd，1m 处最大照度为 4552lx。对比设计要求，符合设计需要，设计完毕。

【项目小结】

Tracepro 是一套可以做照明系统分析、传统光学分析、辐射度以及光度分析的软件，它是由符合工业标准的 ACIS 立体模型绘图软件发展出来的光机软件。功能强大的 Tracepro 减轻了光学设计人员的劳动强度，节约了大量的人力资源，缩短了设计周期，还可以开发出更多质量更高的光学产品。

本项目介绍了 Tracepro 软件的基本操作，其模拟仿真的步骤，即建立模型、光学特性、光源设定、分析功能。该软件相对其他光学设计软件来说操作比较容易入门。本项目还介绍了运用 Tracepro 软件设计一个案例以及基本设计流程。

【思考与练习】

1. Tracepro 光学设计软件模拟仿真的步骤如何？请举例详细叙述。

2. 在光学设计软件中构建模型有哪些方法？

3. 在 Tracepro 光学设计软件进行模拟仿真时如何进行照度分析和光强分析？

4. 本项目中介绍了反光杯案例的设计及优化，根据所学知识，请在 Tracepro 中设计一个透镜案例并进行优化。

项目六　照明光环境设计

【任务导入与项目分析】

照明设计又叫灯光设计或光环境设计,灯光是一个较灵活及富有趣味的设计元素,可以成为气氛的催化剂,是一室的焦点及主题所在,也能加强现有装潢的层次感。根据照明目的不同,照明设计可分为功能性照明设计和装饰性照明设计。照明设计按场景可分为室外照明设计和室内照明设计,其中室内照明是营造环境气氛的基本元素,但是其最主要的功能还是要提供空间照明效果。光作为设计要素之一,室内照明将以人文思想作为设计理念。丰富的照明手段将创造新颖的照明方式,人们的身心和视力健康将因优良的照明而获益。照明设计中大量使用 LED 等新技术和新产品,符合国内节能减排的政策。

因此，灯光照明不仅仅是延续自然光，而且要在建筑装饰中充分利用明与暗的搭配，光与影的组合创造一种舒适、优美的光照环境。于是，人们对室内照明设计越来越重视。本项目通过利用 DIALux 软件进行室内空间照明设计，完成室内空间建模、室内家具与物品置入、室内颜色与材质设置、室内灯具选择与放置、灯光场景设定、引入日光，并输出计算结果。

任务一　DIALux 简介及灯光精灵

1. DIALux 简介

DIALux 是德国 DIAL Gmbh 公司开发的一款针对专业照明设计的软件，该软件开源，对照明设计师使用永远免费，可在其官方网站免费下载安装，但对于灯具厂家加盟该软件并植入该厂家所有灯具参数形成厂家插件数据库则需要付年费。该软件可规划、计算和可视化室内与室外区域的照明，对整栋建筑物、各个空间、室外的停车位或道路照明都适用，并适用于大多数灯具厂家提供的灯具。DIALux 成了当今市场上最具功效的照明计算软件之一，它能满足目前大多数照明设计及计算的要求。由此可见，DIALux 实质上是一款计算软件。目前已经发展到 DIALux evo 版本。

（1）DIALux 软件的主要特点

1）照明设计师使用 DIALux 软件永远免费。

2）可选择灯具库进行精确计算。

3）通过 DIALux 的智慧型计算程序提供正确及可信度高的数据结构，保证设计的准确性。

4）方便、快捷地计算出所需的设计方案照明，并输出完整的报表。

5）住宅、商场、厂房、办公室、医院、景观、建筑物、道路等照明工程设计都适用，应用广泛。

6）DIALux 软件系统开放，如果灯具没有加入插件库程序，则可以引入灯具的光度数据文件（IES）进行计算仿真模拟效果。

7）可轻松、简便地选择不同灯具，轻易地比较不同类型灯具并快速呈现计算值。

8）可独立建构 3D 的空间，形象、真实地表达设计意图。

9）有中文界面，易学易用。

（2）DIALux 官方网站　http：//www. DIAL. de 或 http：//www. DIALux. com。

（3）DIALux 软件安装　DIALux 软件安装要求先安装主程序，再安装插件，安装主程序时，仅保留简体中文和英文两种语言和帮助即可，其他语言包不必安装。插件按需要安装，不求过多。用于学习使用可以安装常见灯具厂家插件：OSRAM、PHILIPS、三雄极光（PAK）、雷士照明（NVC）、TCL 等。

2. 灯光精灵

DIALux 灯光精灵是用于指引用户快速、简捷完成照明设计的软件。有了灯光精灵，无需进行全面软件学习，也能用 DIALux 制作照明设计方案。

1）DIALux 灯光精灵图标及打开方式如图 6-1 所示。

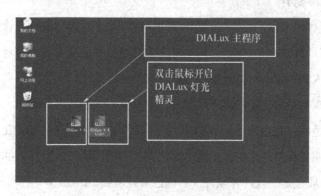

图 6-1　DIALux 灯光精灵图标及打开方式

2）灯光精灵开启后，屏幕上会弹出一个欢迎画面，该欢迎窗口有下一步操作的具体说明（见图 6-2）。

图 6-2　弹出的欢迎画面

在完成一个窗口的输入后，单击"下一步"按键。

3）在设计方案的资料窗口，您可输入设计人及客户的数据，这些数据以后都会被打印在报表中（见图 6-3）。

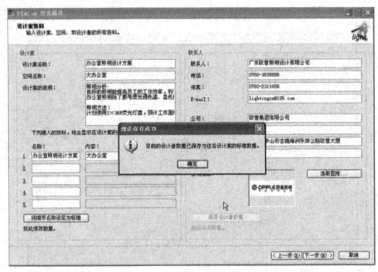

图 6-3　设计方案的资料窗口

4）在数据输入窗口，可以在左侧确定空间的几何形状（见图 6-4）。一般来讲，DIALux 总是先预设一个长方形的空间。如果需要建构 L 形空间，则勾选"使用 L 形状空间"前面的小方框，再输入其他数据参数。

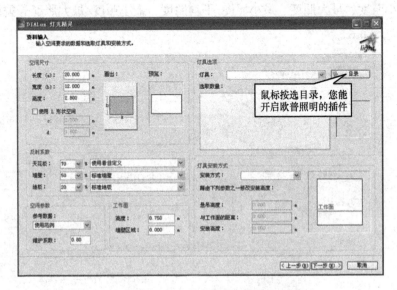

图 6-4　确定空间几何形状

5）在数据输入窗口，鼠标单击"目录"按键，开启某一家厂商的插件（见图6-5）。选取所需灯具，单击插件中的使用键，然后关闭插件。DIALux 灯光精灵这时就将选定的灯具显示在右上角，包括所选灯具光源的型号、光通量、配光曲线和实物图等，还可以选择灯具安装方式以及照明空间的反射系数等。

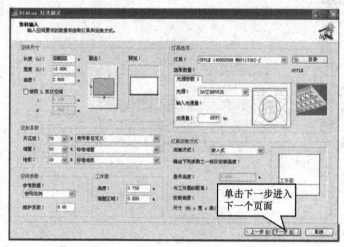

图 6-5　开启插件

6）在计算和结果窗口，输入计算参数和平行排列以及垂直排列的灯具数量，根据灯具的排列可以调整灯具的旋转角度。最后单击"计算"按键，等待计算结果，结果将显示出照明空间所有位置的不同照度值，以及自动计算出平均照度值、最小照度、最大照度、最小照度/平均照度、最小照度/最大照度等关键参数指标（见图6-6）。

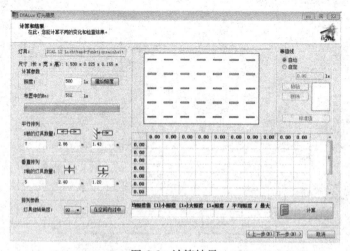

图 6-6　计算结果

7）在结果报告窗口，可以选取输出报告的内容，也可以打印预览设计方案报告，查看设计方案的效果是否达到要求，最后还可以将设计方案导出为 PDF 档案格式或 DIALux 设计案格式（见图 6-7 和图 6-8）。使用灯光精灵快速照明设计结束。

图 6-7　打印预览设计方案报告

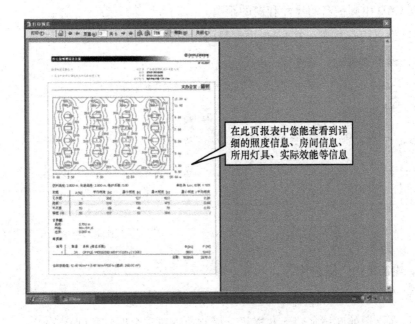

图 6-8　打印预览页面

121

任务二　室内空间建模

一、任务要求

使用 CAD 底图建立一个办公室空间。

二、实施要点

1. 建立办公室空间

1) 导入 CAD 文件。

2) 以图 6-9 左上角的办公室为底图，沿着图 6-10 中的线（墙内壁）建立办公室空间，注意：CAD 中的单位是 "m"。

3) 输入房间高度 "2.8m"。

4) 反射率、维护系数等其他数值按默认值。

5) 建立与房间高度相同的窗，并用 "沿着线复制" 布置两个整面墙壁，注意：在 CAD 中测量窗的尺寸和窗的距离。

6) 建立门，注意：在 CAD 中测量门的位置和尺寸，门高 2m。

7) 保存文件为 "任务 2a. dlx"。

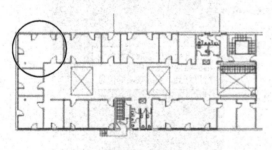

图 6-9　底图

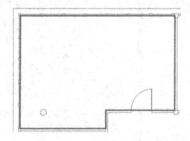

图 6-10　沿办公室墙内壁线建立空间

2. 增加室内空间组件

1) 在入门的区域加建一块天花板吊顶，吊顶高度 0.2m。

2) 在靠窗的区域加建天花横梁，横梁位置对正窗框，高度 0.2m。

3) 输入房间高度 "2.8m"。

4）如图 6-11 所示，CAD 所示圆形处布置一根柱子。

5）如图 6-12 所示，给落地窗增加横向分格（使用立方体空间组件，水平放置）。

6）横条尺寸：5cm 高，位于 80cm 和 200cm 的高度。

7）保存文件为"任务 2b. dlx"。

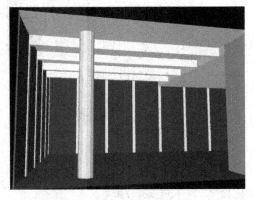 

图 6-11　增加室内空间组件一　　　　　图 6-12　增加室内空间组件二

任务三　室内家具与物品

一、任务要求

在室内空间中添加家具与物品。

二、实施要点

1. 在室内空间中添加家具

1）打开任务 3a 中的办公室文件。

2）按图 6-13 所示，在房间内增加各个家具。

3）在平面图中调整书架的尺寸，并使用"沿着直线复制"功能，添加多个书架。

4）添加桌面电话、计算机时，直接将物品拖放至所需的桌面，物品会自动捕捉放置在表面。

5）保存文件为"任务 3a. dlx"。

2. 在室内空间中添加物品：在书架上天花板上制作一个吊顶灯槽

1）灯槽长度：与书架处墙身宽度相同（4.35m），如图 6-14 所示。

图 6-13　在室内空间中添加家具

图 6-14　在室内空间中添加物品

2）灯槽尺寸：宽 0.2m，高 0.2m，前沿挡板高 0.1m，板厚 0.04m，如图 6-15 所示。

3）操作方法。

方法 1：使用"空间组件""平面天花板"，建立底板、挡板。

方法 2：使用"标准组件""立方体"，利用"去除"功能，切掉内部空间及前方开口。

方法 3：使用"标准组件""挤压体"，直接绘制灯槽剖面、定义高度，再旋转到位。

4）将方法 2 的底板、挡板一并选中（利用 shift 键），使用"合并"功能，将其合并为一个家具。

5）在选项卡中调整"原点"设置，以便日后使用（建议将原点设置于最顶部），如图 6-16 所示。

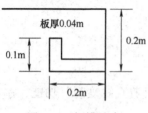

图 6-15　灯槽尺寸

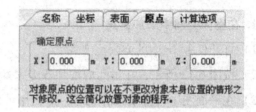

图 6-16　确定原点

6）使用"导出今保存对象"，将家具保存为 sat 格式的文件。

7）保存文件为"任务 3b. dlx"。

任务四　颜色与材质

一、任务要求

确认室内颜色与材质。

二、实施要点

1. 为室内房间墙面、家具赋予材质

1）打开任务 4a 中的办公室文件。

2）按图 6-17 所示，为房间内各墙面、家具赋予材质。

3）拖动材质到需要赋予的表面，注意：如只需赋其中一个面，则按住 shift 键。

4）给地板赋予木质或镶嵌地板表面。

5）给墙面赋予墙纸表面，注意：柱子也会跟着墙改变，可以用 shift 键处理单个表面。

6）给门贴上材质，如需改变开门方向，则可以在表面属性里修改材质属性为镜像的。

7）保存文件为"任务 4a. dlx"。

2. 为室内房间窗户指定材质

1）菜单：文件→导入→材质，在任务"4b_室内颜色与材质\Pictures Participant"文件夹找到窗的材质"window_fixed. jpg"和"window_to_open. jpg"，按图 6-18 贴上窗玻璃。

图 6-17　为室内房间墙面、家具赋予材质　　　图 6-18　为室内房间窗户指定材质

2）调整材质的尺寸与方向，与窗的大小相同。

3. 制作画板并贴画

1）用立方体组件，制作一块画板，尺寸自定。

2）将画板移至墙面合适的位置。

3）菜单：文件→导入→材质，在任务"4b_室内颜色与材质\Pictures Partici-pant"文件夹找到油画，按图6-19贴上画板（注意使用shift键）。

4）调整材质的尺寸与方向，与画板的大小相同。

5）同样，可以在办公桌的计算机显示屏上，贴上喜欢的图案（注意旋转角度、尺寸）。

6）用"去除"功能，布尔运算制作如图6-20所示的画框，尺寸自定。

7）调整材质的尺寸与方向，可以调整纹理的方向。

8）保存文件为"任务4b.dlx"。

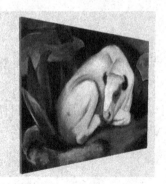

图6-19　制作画板并贴画

图6-20　调整画框

任务五　灯具选择与放置

一、任务要求

确认室内灯具选择与放置。

二、实施要点

1. 在室内空间中选择灯具

1）打开任务5a中的办公室文件。

2）按图 6-21 所示，为房间布置不同的灯具。

图 6-21 布置灯具

3）"单一灯具"布置办公桌和会议桌灯盘，并旋转摆放方向。

4）"单一灯具"布置白板射灯，右键单击灯具→照射点→按 C0-G0 排列，设置灯具的照射点。

5）"直线排列"布置窗边射灯和书架射灯，在"旋转角度"中设置整排灯具的照射方向。

6）"单一灯具"和"沿着线复制"布置侧墙及植物射灯，逐个设置灯具照射点，注意：有些厂家插件的灯具可使用"可转动灯具部分"选项。

7）保存文件为"任务 5a. dlx"。

2. 学习区域布置灯具

1）如图 6-22 和图 6-23 所示，为房间布置不同的灯具。

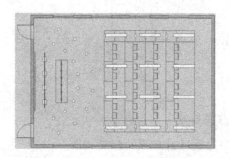

图 6-22 布置灯具——直线排列

2）"直线排列"布置照明讲台的射灯，注意：在立面图中调整灯具高度。

3）"直线排列"布置照明黑板的洗墙灯，在"旋转角度"中设置整排灯具的照射方向。

图 6-23　布置灯具——区域排列和圆形排列

4）"区域排列"布置学生座位上空的悬吊灯盘，在"旋转角度"中设置整排灯具的旋转方向，以及每个灯具的旋转方向，注意：在侧视图中检查角度的旋转是否正确。

5）"圆形排列"布置讲台前方的两个扇形排列射灯，注意：起、止角度的设置应正确。

6）保存文件为"任务 5b. dlx"。

任务六　灯光场景

一、任务要求

选择室内灯光场景。

二、实施要点

1. 在室内空间中选择灯光

1）打开任务 5a 中完成灯具布置的存盘文件。

2）如图 6-24 所示，各组灯具分配到各个控制群，注意：一个灯不要进两个控制群。

控制群 1：窗

控制群 2：白板

控制群 3：书架

控制群 4：壁柜

控制群 5：植物

控制群 6：办公桌

控制群 7：会议桌

3）创建三个灯光场景：工作场景、会议场景、休闲场景，各场景中控制群的调光"模糊值"见表 6-1。

表 6-1　各场景中控制群的调光"模糊值"

工 作 场 景		会 议 场 景		休 闲 场 景	
窗	100%	窗	100%	窗	80%
白板	0	白板	80%	白板	0
书架	100%	书架	50%	书架	80%
壁柜	50%	壁柜	50%	壁柜	80%
植物	80%	植物	0	植物	40%
办公桌	80%	办公桌	10%	办公桌	0
会议桌	30%	会议桌	50%	会议桌	0

4）计算，查看各场景效果。

5）保存文件为"任务 6a. dlx"。

2. 阶梯教室灯光场景

1）打开前一任务保存的任务 5b 文件。

2）如图 6-25 所示，各组灯具分配到各个控制群，注意：一个灯不要进两个控制群。

图 6-24　室内灯具分配至控制群

图 6-25　阶梯教室灯具分配至控制群

控制群 1：靠左窗一列吊灯

控制群 2：靠右窗一列吊灯

控制群 3：中间两列吊灯

控制群 4：台阶灯

控制群 5：讲台射灯

控制群 6：黑板灯

控制群 7：内圈射灯

控制群 8：外圈射灯

3）创建三个灯光场景：投影场景、讲课场景、欢迎场景；各场景中控制群的调光"模糊值"见表 6-2。

表 6-2　各场景中控制群的调光"模糊值"

投影场景		讲课场景		欢迎场景	
左窗吊灯	10%	左窗吊灯	80%	左窗吊灯	80%
右窗吊灯	10%	右窗吊灯	80%	右窗吊灯	80%
中间吊灯	10%	中间吊灯	80%	中间吊灯	0
台阶灯	100%	台阶灯	0	台阶灯	100%
讲台射灯	0	讲台射灯	80%	讲台射灯	60%
黑板灯	0	黑板灯	100%	黑板灯	0
内圈射灯	0	内圈射灯	0	内圈射灯	60%
外圈射灯	50%	外圈射灯	0	外圈射灯	60%

4）计算，查看各场景效果。

5）保存文件为"任务 6b. dlx"。

任务七　引入日光及计算结果输出

一、任务要求

引入日光及计算、打印输出。

二、实施要点

1. 在室内空间中选择灯光

1）打开前一任务保存的任务 6b 文件。

2）各组灯具已分配到各个控制群。

控制群 1：靠左窗一列吊灯

控制群 2：靠右窗一列吊灯

控制群 3：中间两列吊灯

控制群 4：台阶灯

控制群 5：讲台射灯

控制群 6：黑板灯

控制群 7：内圈射灯

控制群 8：外圈射灯

3）新建灯光场景：白天讲课，注意："白昼光因子"的设置勾选"计算中顾及日光"，不勾选"计算自然光比率"。

4）设置日期、时间等，如图 6-26 所示。

图 6-26 室内灯光场景设置

5）场景中个控制群的调光"模糊值"自行设置，达到照明效果的同时，兼顾节能。

6）计算，查看各场景效果与照度，如图 6-27 所示，打印输出效果图。

图 6-27 室内场景效果

7）保存文件为"任务 7a. dlx"。

2. 会议室日光场景

1）打开任务 7b 文件。

2）新建灯光场景：日光场景——只看日光，不考虑灯光，注意"白昼光因子"的设置勾选"计算中顾及日光"，勾选"计算自然光比率"。

3）设置日期、时间等，如图 6-28 所示。

4）计算，查看各场景效果，如图 6-29 所示，打印输出效果图。

5）保存文件"任务 7b. dlx"。

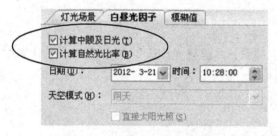

图 6-28　会议室灯光场景设置

图 6-29　会议室场景效果

【项目小结】

本项目介绍了室内照明设计的分类及照明设计趋势等，同时通过利用 DIALux 软件进行室内空间照明设计，完成了室内空间建模、室内家具与物品置入、室内颜色与材质设置、室内灯具选择与放置、灯光场景设定、引入日光，并输出计算结果。

【思考与练习】

1. 简述观演空间光环境的实施策略。

2. 简述功能性人工照明设计的主要任务。

3. 简述室内光环境设计的依据。

4. 简述室内照明设计中灯具选择的依据。

5. 简述室内光环境设计的未来趋势。

6. 简述氛围性人工照明设计的主要任务。

7. 在同样的光照条件下，简述影响人眼对环境中亮度感知的因素。

8. 简述灯具控制光线的原理和方式。

9. 简述漫射照明特点及方式。

10. 论述住宅中常用的灯具类型及其特点和适用范围。

11. 论述自然光设计的意义。

项目七　照明产品设计案例

【知识目标】

1. 了解国内外著名品牌照明产品；
2. 掌握 LED 工作台灯专题案例。

【技能目标】

1. 能查找收集国内外著名品牌照明产品；
2. 会用三维模型软件设计 LED 工作台灯。

【任务导入与项目分析】

人类从来都不会放弃对光明的追求，灯就是光明的使者。原始人类钻木取火，松木为灯，现代社会，科技飞速发展，人类的光明事业变得更加的多姿多彩。黑夜，灯是曼妙的精灵，透过丰富的光影层次，带给我们无限的甜美与温馨；白天，灯具又幻化为装点空间的神奇画笔，或端庄，或活泼，装扮着我们五彩缤纷的生活。

任务一　国内外著名品牌照明产品

1. Artemide

被称为灯王的意大利灯具品牌 Artemide 成立于 1960 年，是全球最大的灯具生产厂商之一，其公司网站首页如图 7-1 所示。Artemide 的灯具多呈现出极简主义的特点，关注人们在生活中和光接触的每个细节，提倡"自由"是生命的核心价值，而"设计"则是展现独立个体自由度的最佳工具。Artemide 将自己的产品及品牌概念形象的描绘为："人类之光"（HUMAN LIGHT），富有智慧的光，它可以在人们的日常生活中与人们和谐沟通，这也是 Artemide 的核心设计理念。

在近 60 年的时间里，Artemide 生产的灯具享誉世界，代表作品包括 Tizio（提斯尤）、Tolomeo（托洛梅奥）、Melampo（梅兰珀）、Logico（罗西克）等。

图 7-1　Artemide 网站首页

Richard Sapper 设计的 Tizio 台灯获得 1979 年的"金圆规"设计大奖，同时也获得纽约现代艺术博物馆的永久收藏，如图 7-2 所示。

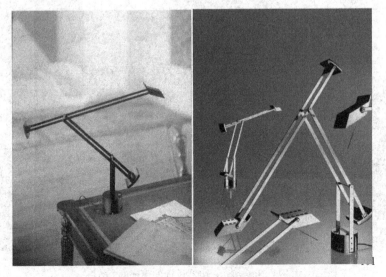

图 7-2　Tizio 台灯，Richard Sapper（里查德·萨帕）设计

"在我工作或阅读时，希望光线只投射在面前的书页上，而四周仍保持着幽静和朦胧"，这是设计师设计 Tizio 的初衷，也正是这一构思引导他设计出这款闻名世界的双臂台灯。平衡力学的巧妙运用，使得 Tizio 呈现出多角度的平衡美感。

在它诞生将近 40 年后的今天，Tizio 仍然是"意大利制造"的崇拜物。Tizio 除了具有丰富的象征意义外（有人觉得它像一些水鸟，有人觉得它是一个微型油泵），它的非凡功能也让人惊叹。它有四种运动的可能性：底座平行的转动，第一和第二接头处的垂直转动，灯罩的垂直转动。在任何地方，Tizio 因有一个衡重系统而能永远保持平衡。铝材部件和连接活塞也是导电器，能够通过放在圆柱体底座中的变压器为节能的卤素小灯泡供电，这样就无需任何电线。

Ross Lovegrove 设计的 Mercury 吊灯是 2008 年米兰设计展发表的新品，如图 7-3 所示。透过静态的设计，呈现出流动的有机形态，现代感的铝盘似衍生出鹅卵石般大小的水银珠滴，波光流转地浮动于空中，有魔术般的错觉。表现创作一年高瞻远瞩，是非常未来感的一盏灯，再次展现大师擅长有机形态的功力，以轻量、最少材质制作。整盏灯不让人感到生硬冰冷，反而更有生命力，非常适合极简内敛、低调奢华的空间。

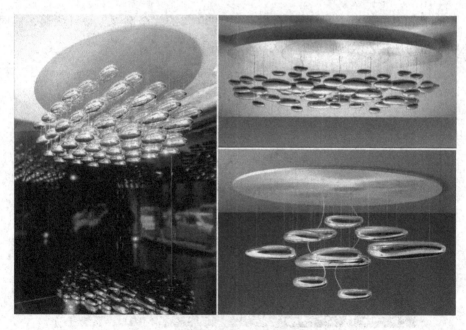

图 7-3　Ross Lovegrove 设计的 Mercury 吊灯

　　日本著名时装设计师三宅一生为意大利灯具品牌 Artemide 设计的 in-ei 灯具在 2012 年米兰设计周上展出。这是一款可折叠的灯具，设计师运用了可持续的设计理念。灯具用特殊的织物材料制作，这些材料是利用可回收利用的 PET 瓶制造的，能有效地节省能源，不仅如此，还可以将碳排放量降低 20%。

　　在日语中"in-ei"的意思是阴影、遮蔽和细微变化，这款灯具使用折叠的手法，用 2D 和 3D 的数学原理来确定灯罩的形态和光影范围，展开后就形成了一个大灯罩，通过丰富的层次变化形成有趣的光影效果，如图 7-4 所示。

图 7-4　in-ei 灯具，日本著名时装设计师三宅一生设计

　　Artemide 旗下拥有众多大师级的设计师，他们把灯具当成空间气氛转换的神奇开关，将纯粹的照明功能巧妙地转化为装饰的主角，进而创造出缤纷而多变的造型。

Ross Lovegrove（洛斯·拉古路夫）是当代最著名和最具想象力的设计师之一，原德国青蛙设计公司设计师，曾担任路易威登、杜邦等品牌的设计顾问，空中客车、法国标致和奥林巴斯等知名公司均为其客户。

Ross Lovegrove 的设计灵感来自自然界及未来主义，其作品以揉合自然美态与超新科技的有机设计享负盛名。他充满未来感的产品设计带动了有机美学的新潮流，流动的线条、耀目的色彩、尖端科技的质料是 Lovegrove 产品的独特商标，他善于透过新颖的材质和新科技，在形态、材质和技术上达到自然的平衡。他主张有机本质的概念，而这种美学和组成元素，也都是源于大自然并再创造出带有未来科技风格的产品形态。目前，他的作品被美国纽约现代艺术博物馆、巴黎蓬披杜中心和巴黎设计博物馆等收藏。

Artemide 除了公司内部的设计师，还邀约时下知名的建筑、室内、装置设计大师以及艺术大咖进行跨界合作。图 7-5 所示为建筑设计大师扎哈·哈迪德设计的灯具。Artemide 的灯具生产过程细节如图 7-6 所示。

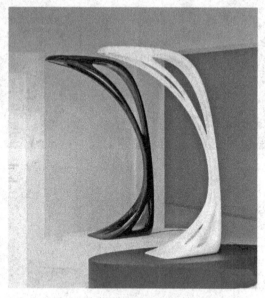

图 7-5　建筑设计大师扎哈·哈迪德设计的灯具

2. FLOS

1962 年成立的 FLOS 以其特立独行的设计风格，深受人们的喜爱，其灯具行业的领导地位也一直为人惊叹，如图 7-7 所示。FLOS 主要生产现代风格的装饰

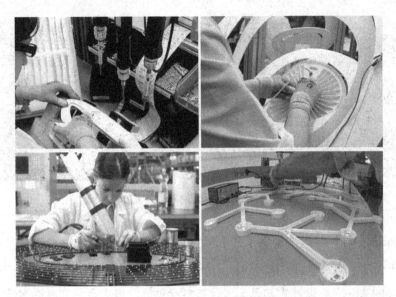

图 7-6　Artemide 的灯具生产过程细节

灯具以及商业照明灯具。该公司建立初始时出品的灯具现在已经成为意大利灯具制造业的经典之作，这些作品包括 Achille Castiglioni 等大牌设计师设计的 Arco、Relemme、Toio 以及 Taccia 系列，至今这些系列仍在批量生产，这也证明了其完美的设计研发能力与制造工艺。FLOS 不断延续自己的传统，并将其融入新产品的设计制造中，使得 FLOS 灯具成为时尚设计与一流加工技术的代名词。该公司产品的超群之处在于其典雅的造型与优美的线条，在它的外观造型上可以看到现代风格与古典风格的融合。FLOS 的许多产品已经成为时尚与经典的典范，因此业界也将 FLOS 的设计风格称为"贵族式风格"。

　　FLOS 的创立者 Arturo Eisenkei 并不是一位设计师，而是一位灯具制造商。他在当时获得一项在塑料表面喷雾的新技术，于是与设计界著名的 Castiglioni 兄弟档设计师合作创立了 FLOS。

　　Castiglioni 兄弟档成了 FLOS 早年的当家设计师，抛物线造型的 ARCO 灯是 FLOS 于 1962 年生产的第一批灯具，由当家设计师 Castiglioni 兄弟设计。Achille Castiglioni 1918 年出生于米兰，学建筑出身，同样跨界建筑和产品两大设计领域，所以从他的很多家居产品设计上都能看到建筑观念的影子。Achille Castiglioni 曾经服务过的 ALESSI、FLOS、MOROSO 等家居制造商现在已经成为世界最为顶级的生产制造商，Achille Castiglioni 是陪伴着这些品牌成长起来的。Achille

图 7-7　意大利知名灯饰品牌 FLOS 的灯具设计

Castiglioni 的设计已经生产销售了几十年，成为经典。

　　ARCO 灯（抛物线灯）是 FLOS 的经典之作，如图 7-8 所示。专为古迹建筑特别设计的 ARCO 在设计之初是为了代替餐厅吊灯。因为意大利有许多建筑都是古迹，屋主不能随意在墙壁或天花板上打洞装灯，于是 Castiglioni 设法让立灯变高变大，让灯身变成抛物线状，拉高立灯高度达 2.5 米，为稳固重心，大理石底盘基座总重量达 65kg。65kg 的灯具，那一定很难移动吧？若这么想就错了，ARCO 设计的巧思就在此，其基座上有个小洞，刚好是整座灯具的平衡点，只要插入扫把或木条，两个人就可以轻松搬动灯具。另一个著名的 SNOOPY 台灯如图 7-9 所示。

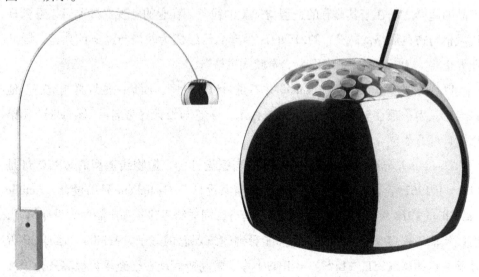

图 7-8　FLOS 的 ARCO 灯

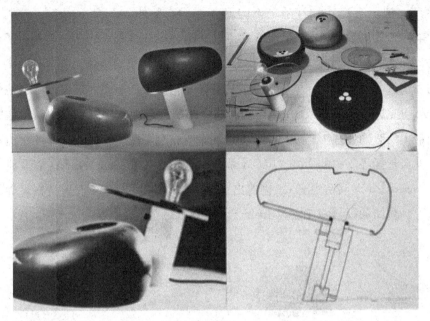

图 7-9　著名的 SNOOPY 台灯（Castiglioni 设计）

Castiglioni 在 1960 年为 Heisenkeil，FLOS 设计了蚕茧吊灯系列，如图 7-10 所示。这些灯具最初源于设计师探索出来的一个专利材料，当时属于 Merano 的 Heisenkell 公司，后来经过 FLOS 公司的发展，研发出一种塑料制成的合成纤维替代材料。

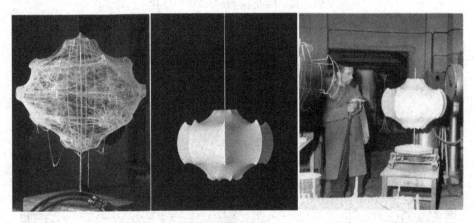

图 7-10　著名的蚕茧系列吊灯（Castiglioni 设计）

FLOS 能在国际持续走红的原因，与它能持续网罗才华洋溢的设计师有关。

1988 年，法国有鬼才设计师之称的 Philippe Stark 加入 FLOS，从第一支灯 Ará（牛角灯）到之后的 ROSY ANGELIS（布丁灯）、Gun（枪灯）等，都获得了市场的好评，如图 7-11 所示。Philippe Stark 是一个非凡的传奇人物，集流行明星、疯狂的发明家、浪漫的哲人于一身，或许算得上世界上最负盛名的设计师。他的作品随处可见，从纽约别致的旅馆到 FF4900 邮购商行，从法国总统的私人住宅到欧洲最大的废物处理中心，从全球各地的咖啡馆到家庭中价值数十万的座椅和灯具，甚至包括浴室中的牙刷。用色大胆的荷兰设计师 Marcel Wanders 以及设计师 Marc Newson 等人陆续为 FLOS 创造出不少灯具，让 FLOS 能一直保持在灯界的领导地位，具体如图 7-12 和图 7-13 所示。

图 7-11　Philippe Stark 设计的灯具

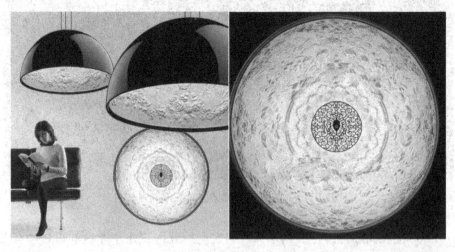

图 7-12　Sky garden 吊灯（Marcel Wanders 设计）

图 7-13　FLOS 的经典灯具设计

3. Moooi

Moooi 的名字来自于荷兰语的"美丽（mooi）"一词，多加了一个字母"o"，意思是再多加一分美丽。最初创办 Moooi 的目的，是为富有创造力的设计师们提供一个具有逻辑性思考的地点，因为工业设计的作品必须经过制造商的技术协调与磨练，才能真正变成可生产的产品，所以在设计师与制造商之间就需要做非常细致的沟通。于是，Moooi 这样一个探索个别设计与大量制造产品的实验所就应运而生。经过多年的发展，Moooi 品牌已经不仅仅是一个家居用品生产商，它已经成为一种风格的代表，引领着最具创造性的流行时尚。

"我们都是独立的，我们又是一个大家庭。"这是 Moooi 设计师的经典格言。Moooi 的每一位设计师都一直坚持着这种理念，通过个性的创造与世界进行不断的沟通和对话。在 Moooi 的设计中，人始终是核心因素，设计师渴望在功能性之外，创造艺术氛围，人的性格、品位、喜好和感情都完美地展现在每一件产品中。选择不同的产品，可以展示出每一个人内心的不同侧面，每一种选择都是一个全新的自己。不管何时，它都有自己的主张，让使用的人除了享受它的功能性之外，也同时在消费一个观念，一种艺术。

灯光是营造家居气氛的魔术师，也是室内最具魅力的调情师，不同的灯营造着不同的氛围，却能带来同样的浪漫。一个温馨惬意的家，来源于自身的品位和修养，以及对生活的悟性与追求。把握和了解灯具的时效性、代表性的细节处理方式，Moooi 的灯具能从各方面满足高雅情调生活的需求。

由设计师 Raimond Puts 创造的 Raimond Lamp，运用一个由数学模型组成的完美球体，微小的 LED 光源散发出如繁星闪烁般柔和的光芒，如图 7-14 所示。

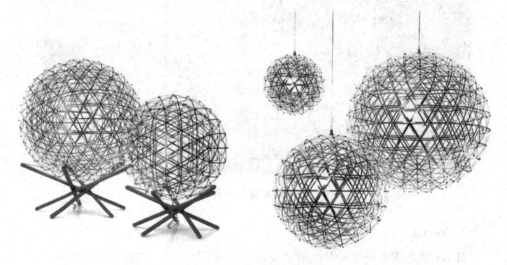

图 7-14 设计师 Raimond Puts 创造的 Raimond lamp

Moooi 的创办人是马塞尔·万德斯（Marcel Wanders）。

马塞尔·万德斯 1963 年出生于荷兰，原本为艺术背景，1995 年决定成为一名工业设计师。1996 年 Marcel Wanders 因为为 Drog Design 设计的作品"Knotted Chair"开始为人们所熟识。

马塞尔·万德斯的设计其实不算创新，他不会设计出一个你完全看不懂的"怪物"，他比喻自己的设计风格是将设计原型为蓝图，在原型上变化出惊喜，产生让人会心一笑的 X 元素，他设计的灯具如图 7-15 所示。马塞尔·万德斯的设计实用、漂亮且风格多变，多次获得国际设计奖项，并在纽约现代艺术博物馆等各大设计展会上频频亮相。

图 7-15　马塞尔·万德斯设计的灯具

Moooi 还邀请全世界知名的设计师或设计工作室为其创造了大量设计风格独特、外形美轮美奂的作品。如 Bertjan Pot 设计的 Heracleum the Big O、Prop Light Round 灯具，运用点光源的集成将灯具塑造成家居生活的艺术品；Studio Job 设计的灯具 Prop Light Round 则具有非常鲜明的欧洲当地风格，灯具的线条和工艺显得特色十足，如图 7-16～图 7-18 所示。

图 7-16　灯具 Heracleum the Big O（Bertjan Pot 设计）

4. Qis Design

来自中国台湾，隶属于明基友达集团旗下的生活设计品牌 Qis Design，自 2009 年诞生以来仅用短短的几年时间，相继推出一系列跨界整合尖端科技与美学设计、令人目眩神迷的 LED 精品灯饰，不仅席卷 45 项各类国际设计大奖，更

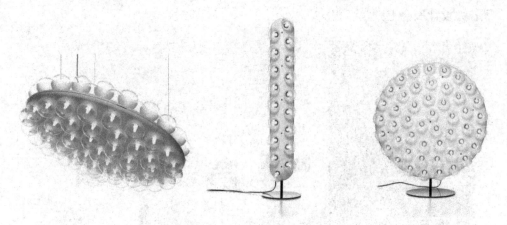

图 7-17 灯具 Prop Light Round（Bertjan Pot 设计）

图 7-18 灯具 Paper Patchwork（Studio Job 设计）

以华人品牌身份首度受邀参加法国巴黎家饰展、德国法兰克福灯饰展等重大国际展会，也让称霸灯饰业界多年的欧洲品牌刮目相看。

Qis Design 结合尖端科技与美学设计，融合理性与感性，Qis Design 用想象力创造出新的可能性，打破传统的界线，响应消费者内心深处对于美好生活的渴望，为消费者带来惊喜无限的感官盛宴。

Qis Design 来自设计各领域的精英，由消费者研究、人机界面设计、机构材质研究、工业设计、视觉设计及模型制作等团队组成。优异的产品设计实力已获得多项国际设计大奖的肯定，包含德国 Red Dot、德国 iF 及日本 G-Mark 设计大奖。

　　Coral（恋滟）如图 7-19 所示。设计灵感来自海中珊瑚，由一朵朵如花绽放的单元体组成，LED 光由花心透向花瓣边，营造波光摇曳的梦幻光影。特殊导光设计，将 LED 光导向花瓣边缘，魔幻光影是传统灯泡无法做到的。该设计荣获德国 Red Dot、日本 G-Mark 多项设计大奖。

图 7-19　Coral（恋滟）

　　The Crystal Light（晶艳）如图 7-20 所示。设计灵感来自矿石结晶，每一单元体有正六边形的钻切构面，绽放如钻石般光芒。结合 LED 低温多彩和磁力相吸原理，让用户可自由串接堆栈灯体，如乐高积木般有趣。遥控器控制两种灯效模式，即彩虹模式与单彩模式。该设计荣获德国 Red Dot 设计大奖。

　　BE Light 如图 7-21 所示。设计灵感来自折纸艺术，将 2D 转化为 3D 立体的工艺设计。材质为可回收铝，银色款采用金属发丝处理，黑色款采用雾面喷漆处理，防刮抗锈环保。桌灯款荣获德国 Red Dot、iF、日本 G-Mark 设计大奖；立灯款荣获德国 iF 设计大奖。

　　Coral Reef（环礁）如图 7-22 所示。设计灵感来自海洋中层层叠叠的珊瑚环礁，打造 LED 均匀柔光环片。桌灯款金属质感，手工打造金属脚座，呈现工艺之美，触控金属脚座可四段调亮度。立灯款左右旋转三层环片，自由选择亮灯环

图 7-20　The Crystal Light（晶艳）

数。桌灯款荣获德国 Red Dot 设计大奖；立灯款荣获德国 Red Dot 与 iF 设计大奖。

图 7-21　BE Light

图 7-22　Coral Reef（环礁）

Flamenca（花舞）如图 7-23 所示。以弗朗明哥舞裙为设计灵感，Flamenca 在璀璨花榭舞影之间，流露绚丽光彩。LED 照明结合触控科技，轻触银色触控盘即可调整光效。上下双色透明压克力与律动线条设计，创造赏心悦目视觉飨宴。

Aurelia（海月）如图 7-24 所示。以海月水母为设计灵感，圆润透明灯体，如海月水母悠游。LED 照明结合触控科技，桌灯款可触控切换三段调光，即全亮、情境与小夜灯，吊灯款可切换开关两段式调光。

图 7-23　Flamenca（花舞）

图 7-24　Aurelia（海月）

任务二　LED 工作台灯专题案例

第一阶段——产品策划与定位

一、项目介绍

1. 项目背景

在设计项目设计的初期，需要详细分析并掌握项目的背景。该项目是受广东省中山市某灯具企业委托，在规定时间内设计一款符合市场需求的 LED 工作台灯，要求围绕公司的企业文化及产品开发思路，符合公司的生产及制作工艺，充分运用 LED 技术，在造型时尚美观的基础上，最大化满足工作照明需求。

2. 项目产品预计上市时间

在灯具设计的初期，同企业负责人进行深入沟通后，要确定产品预计上市的时间。需要结合考虑灯具外观设计的周期、结构设计和光源设计需要的时间，以及灯具手板制作、模具设计及修改、样品生产及测试的时间，这样才能在预计的时间里有条不紊地规划设计流程，在企业要求的时间内提交设计方案。一般灯具外观设计需要 20 天，后期结构设计至样品生产确认需要 40 天，因此产品从策划到上市至少需要两个月的周期。

3. 产品定位

将此次的台灯设计定位在中高端档次，适用于学生群体、热爱看书和学习的工作人士，亦可以作为礼品送给长辈或者朋友。适用人群还包括长时间使用电脑的人士，该类群体对灯具的功能要求较高，期望该类 LED 灯具相较于普通的台灯能减少眼睛酸痛，提高学习效率，并保护视力，所以学生、教师和电脑玩家应该是主要考虑的对象范围。

4. 产品上市后的状态

需要预期考虑产品上市后的状态，对销售渠道有一定的认识，因此设计师需要加强与市场人员的沟通。通过分析后得知产品主要针对国内市场，主要是大、中小型超市及网上销售渠道。国外市场主要通过环球资源网和阿里巴巴等渠道寻找国外的经销商。

5. 产品整体尺寸及基本要点

该产品的各部分参数及基本要点如下：

底盘直径：200mm，灯头：370mm，灯杆：400mm；

包装尺寸：500mm×125mm×260mm；

净重：不超过 0.7kg；

材料：主要材料选用 ABS、铝材、PC 导光板。

注意：实际设计尺寸允许一定的出入，但不能偏差太多。

6. 造型设计及要求

以人性化的设计理念作为灯具设计的出发点，一切从工作照明的角度出发考虑造型的设计。主要体现在灯杆、底盘、调节结构和开关的造型设计，可适当添加一些辅助功能，如在灯杆正前方可设置电子触摸调光功能，并配有声音提示，灯头可以 340°调整照明高度，可配有万年历和时间显示屏。要求整体造型时尚，局部细节设计精美、产品使用操作简单，在不影响整体外观的基础上，允许多功能、多用途，同时考虑节能与环保。

二、LED 台灯分析

1. LED 照明技术的优点

LED 工作台灯对比普通台灯有如下优点：耗电量低、使用寿命长、高亮度、低热温、环保、坚固耐用，如图 7-25 所示。所以 LED 工作台灯的设计应从绿色照明的理念出发，通过科学的照明设计，采用效率高、寿命长、安全和稳定的照明部件（电光源、灯用电器附件、灯具、配线器以及调光控制设备和控光器件），改善人们工作、学习、生活条件和质量，创造一个高效、舒适、安全、经济、有益的环境，并充分体现情感需求的照明设计。LED 光源采用内嵌式面设计，有效避免眼睛和光源直视，即使是仰视一定的角度，也能有效杜绝炫光和瞬盲，缓解眼睛疲劳。

图 7-25　LED 照明优点分析

2. 人群定位探讨

对该 LED 台灯的消费群体在产品定位的基础上进行细分，主要有学生群体、爱好阅读的人士、电脑玩家、选送礼物购买者、对 LED 技术了解和信任的学习者、喜欢简洁具有质感设计的人士。

3. LED 台灯风格分析

在设计初期，需充分掌握当今 LED 台灯风格的一线资料，所以前期的调研工作和调研方法主要有：网上调查，从灯具电商网站上对热销产品进行归类，并对相关数据进行统计分析；从每年 4 月和 11 月的香港春秋两季灯饰展，每年 5 月份的中山古镇灯饰博览会等重要展会调研灯饰风格；灯饰企业家和销售人员的问卷调查；中山古镇灯饰广场专卖店的实地走访。通过调查总结，LED 台灯设计的风格主要是形态简洁、操作简单、能灵活转动、满足度角度照明需求，而且便于折叠。

4. LED 台灯设计趋势

未来 LED 台灯设计呈现极简主义的设计趋势，主要体现在将照明科技和工业设计有效结合。在造型上极为简练，将多余的外形全部简化，剩下最简单的形态。在材料上寻求突破性的实验创新，并运用最新 LED 科技的技术发光原理，营造时尚而温馨的家居环境照明氛围。如以色列设计师 Nir-Meiri 以 LED 为光源，善于运用特殊的材料如沙砾、海藻等，这些灯具设计作品具有温馨的家居环境氛围，如图 7-26 所示。获得 2011 年 iF 奖的灯具将灯臂和灯底座融为一体，色彩上采用大方的红色，做到了极简。

图 7-26 以色列设计师 Nir-Meiri 的 LED 灯具设计

5. 市场主流 LED 工作台灯分析

目前市场上主要有下面三款台灯受到业界的普遍关注，如图 7-27 所示。嫁接苹果手机造型的台灯，该台灯体现出对时尚元素的运用，将通信产品的形态语言嫁接在灯具底座和灯罩上，具备一定的时尚感，消费者反映良好。小二郎健康LED 护眼台灯，提炼动画人物概念运用在台灯上，特别吸引儿童消费群体。雪莱特台灯采用灵活的转轴设计，两扇能折叠的 LED 灯片突出了设计的亮点，在市场上也是热卖的产品。所以通过整体分析，这三款产品都有自己个性化的造型语言，在功能照明上各具特色，视觉上通过金属和塑料的搭配体现出时尚感。

图 7-27　市场主流 LED 工作台灯

三、设计方法及造型设计分析

该分析过程主要集中在台灯造型元素上，通过收集近 20 年来国内外著名的台灯设计作品，然后从造型元素、色彩工艺、结构设计、材料设计及设计方法上进行整体分析，分析结果对 LED 台灯设计起到指导性作用。

1. 造型风格分析

台灯的造型风格和语言受到多方面的制约或影响，如灯具功能、结构材料、消费文化和地域文化、人机工程学等。造型特色具有代表性的有：英国工业设计师 Ross Lovegrove 的台灯设计作品运用有机美学形态，充满未来感，该设计师以柔和、自然美态和超新科技的有机设计享负盛名；意大利设计师奇特里奥的台灯设计则体现出简单而纯粹的几何线条；另外根据鸭子形态而来的台灯具有灵活的转动部件则体现出仿生形态设计语言，如图 7-28 所示。

2. 色彩工艺分析

台灯主要由金属和塑料材质组成，铝材、不锈钢、铜件、铝镁合金是常用金

图 7-28　LED 台灯造型风格分析

属，铝材经过电镀产生亮面光泽、经过拉丝形成特殊纹理，经阳极氧化可产生不同色彩，铜件本身具有一定的质感和光泽，金属台灯主打色彩是原色银、纯净白、静雾黑，或者表面光亮的电镀。塑料台灯由于注塑材料色彩选择性多，因此塑料台灯的色彩更为丰富，如图 7-29 所示。

图 7-29　LED 灯具色彩工艺

3. 特殊材料运用

为保证灯具多角度旋转，在台灯设计中经常运用铝合金和硅胶弯管，该类材料可灵活自由弯曲，操作起来非常便捷，而且可以与灯臂和灯底座形成很好的形态衔接。其他的材料如毛毡的使用，利用其本身具备摩擦力的特点，可使灯管具有稳定性和可调性，使用者能随便调节光源的角度和高度，如图 7-30 所示。

4. 转轴结构设计

旋转结构设计是灯具设计重点考虑的因素，往往能体现灯具产品的最大特征。如图 7-31 所示的台灯利用磁铁的磁性工作原理，带有磁性的钢球能灵活移动灯具的照明高度和角度，起到特殊的转轴作用。

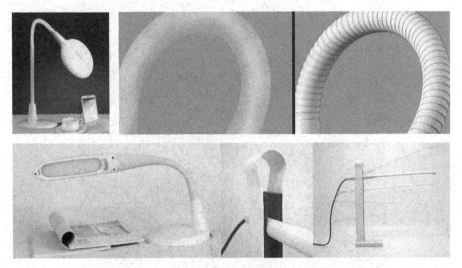

图 7-30　灯具材料运用

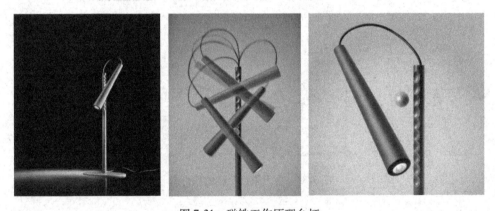

图 7-31　磁铁工作原理台灯

采用四轴联动结构的台灯，稳定性极强而且不失灵活性，如图 7-32 所示。

该灯具的灯臂和底座的转轴设计能保证灯具最大限度的活动，如图 7-33 所示。

图 7-34 所示台灯由扁平的弯管材料连接圆形的底座和光源部分，功能统一、个性十足且具有较高的审美价值。

5. 注重产品功能、强调互动体验

灯具产品注重照明功能，而且强调使用过程中与用户的交互行为，有趣的体

图 7-32　四轴联动结构台灯

图 7-33　最大限度旋转结构灯具

验能增加产品的价值。如图 7-35 所示的飞利浦·斯塔克设计的台灯，运用其一贯的幽默感的设计手法，通过帽子的遮挡创造特殊的照明体验，同时能为 iPad 等电子产品充电，体现了一定的实用功能。

6. 形态创新

在灯具产品的形态创新中，需要区分产品的核心功能和辅助功能，同时紧密围绕产品的主题进行创造。美国著名工业设计师 Yves Behar 为 Hermiller 公司设计的叶子台灯在产品形态上实现了独特创新，如图 7-36 所示。该台灯细长的造型如一片优美直立的叶片，可延伸并旋转 180°，为另一片水平叶片提供支持，当水

图 7-34　扁平弯管台灯

图 7-35　台灯设计——飞利浦·斯塔克

平叶片折叠靠近直立叶片时，光线将逐渐趋于柔和。

　　为突出灯具的用户控制功能，将控制区域做了独特的划分，液晶触摸按键进行面积上的夸张处理，凸显无与伦比的触控技术，同时也强化了产品的体验功能，以此吸引消费者的青睐，如图 7-37 所示。

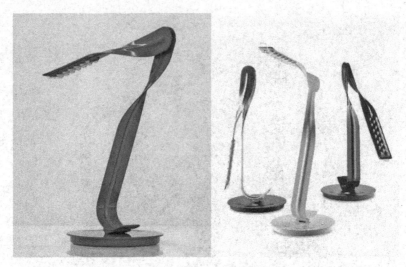

图 7-36   Hermiller 公司叶子台灯

魅红

烛白

雅黑

图 7-37   液晶触控屏幕台灯

第二阶段——设计方案构思

一、概念草图设计

选用一种创造性思维方法进行构思，这里主要采用头脑风暴法进行草图设计与讨论，也称为畅谈会法，设计团队以会议形式对灯具方案进行咨询或讨论，始终保持自由、融洽、轻松的气氛，与会者无拘无束地发表自己对台灯创意的见解，不受任何框架的限制。团队其他成员则从发言中得到启示，进而产生联想，提出新的或补充的意见，这样产生了许多充满新意的台灯方案，最后对这些方案进行整理和分析。下面三组概念设计草图充分考虑产品的折叠性，在光源选择上以片光源为主，形态简洁、材料节省且容易开模，如图 7-38~图 7-40 所示。

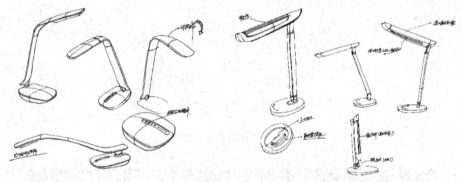

图 7-38　台灯概念草图设计一

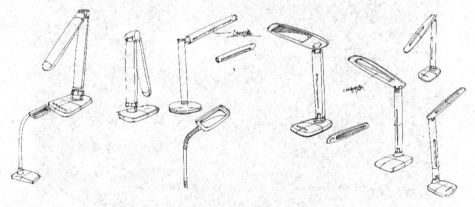

图 7-39　台灯概念草图设计二

二、设计方案优化

在方案优化阶段，设计师与企业负责人进行积极沟通，详细分析每款设计方案的优缺点，并与市场上热卖灯具进行比较，同时仔细研究企业产品线开发思路和销售渠道，最后选择一种构件简单、几何线条的方块造型，如图 7-41 所示。该造型风格形式朴素、实用耐看，适合于大众消费人群，在未来市场具有持续性售卖的特点，不会随着时代久远而被淘汰，因而规避了潜在的市场风险。

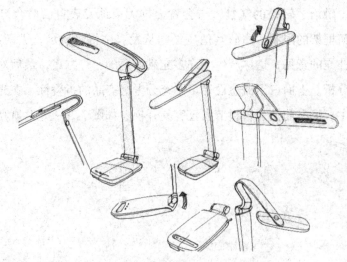

图 7-40　台灯概念草图设计三

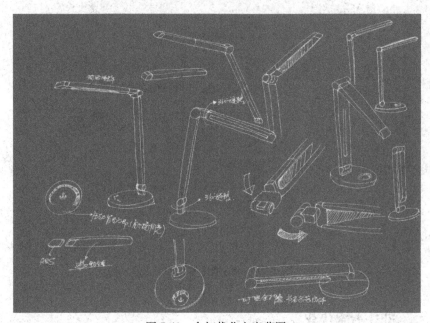

图 7-41　台灯优化方案草图

第三阶段——三维模型设计

　　三维模型构建除了需要掌握扎实的建模技巧外，更需要设计师具备三维空间的思考能力，以及创意推敲与设计分析的能力。由于细节的深入和结构的调整，通常三维模型和二维草图会有一定的出入，有经验的设计师能够很好地解决这个潜在问题。建模前期需认真考虑灯具的分模方式和模具的装配，以及灯具需要用几个部件来完成，然后按照产品的实际尺寸和比例进行绘制。

该阶段通过产品轮廓线和结构线的绘制、形体块面的绘制、倒角制作、连接件和开关制作、模型分层设计等步骤完成台灯三维模型设计，具体内容步骤如下：

1）执行"矩形"和"圆"命令，以坐标原点为基准绘制，如图7-42所示。

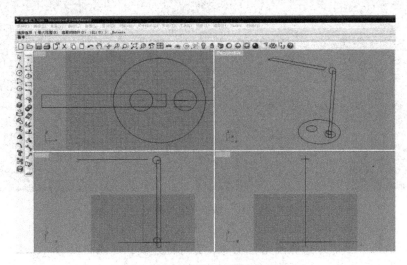

图7-42 轮廓线和结构线的绘制

2）执行"直线挤出"命令，结合线挤出，然后选择全部图形执行"将平面洞加盖"命令，如图7-43所示。

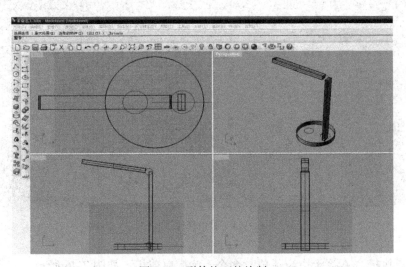

图7-43 形体块面的绘制

3）执行"不等距边缘圆角"命令，为灯罩建模，如图 7-44 所示。

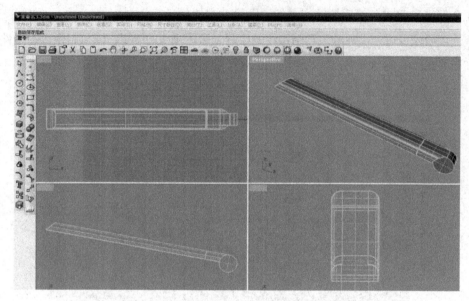

图 7-44　倒角制作步骤一

4）执行"不等距边缘圆角"命令，为灯柱建模，如图 7-45 所示。

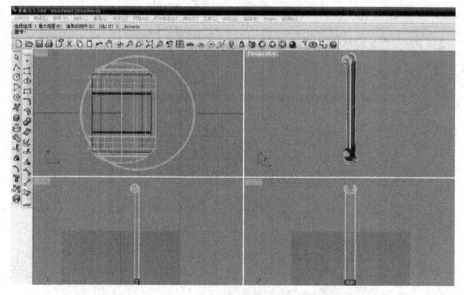

图 7-45　倒角制作步骤二

5）执行"不等距边缘圆角"命令，为底座建模，如图 7-46 所示。

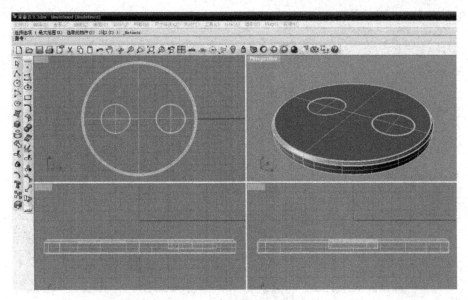

图 7-46　倒角制作步骤三

6）将灯柱和灯罩的连接件进行三维设计，如图 7-47 所示。

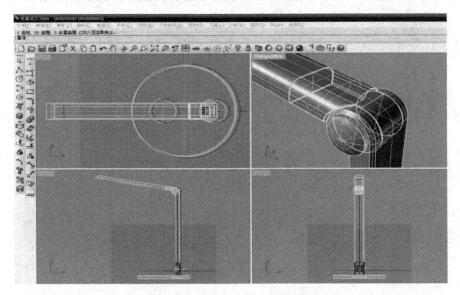

图 7-47　连接件和开关制作步骤一

7）将灯柱与底座的连接件进行三维设计，如图 7-48 所示。

8）将底座的开关进行三维设计，如图 7-49 所示。

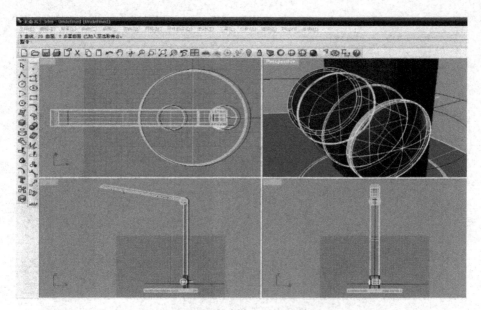

图 7-48　连接件和开关制作步骤二

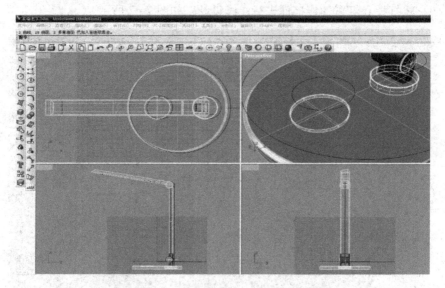

图 7-49　连接件和开关制作步骤三

9）完成最终的模型，如图 7-50 所示。

10）按照灯具的不同材料选择不同的图层（此步骤利于产品后期的渲染，以及同结构工程人员进行清晰和有效的沟通）。

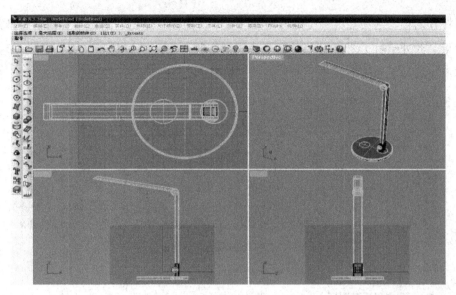

图 7-50　连接件和开关制作步骤四

第四阶段——结构与工艺设计

一、灯臂结构与工艺

台灯的灯臂采用 ABS 压塑成型，如图 7-51 所示。ABS 抗冲击性和耐热性好、易加工、制品尺寸稳定、表面光泽性好，且后期组装成型较容易。

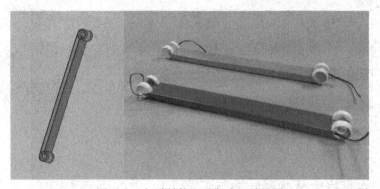

图 7-51　灯臂结构和后期成型效果图

二、灯杆结构与工艺

灯杆材料的选择主要考虑灯光源长时间发热的问题，如选用传统的塑料容易损坏和老化，选用金属铝材经镀铬处理后不易划伤、掉色，而且具有极佳的散热效果。此处铝材工艺流程主要是车削成型切割，然后经过精雕加工、抛光处理、表面喷砂和表面阳极氧化等工艺完成，如图 7-52 所示。

图 7-52　灯杆结构和后期成型效果图

三、台灯光源设计

台灯光源设计考虑使用者长时间的工作和学习，灯光的照明强度与舒适度是主要决定因素，选用 48 颗 LED 灯珠组成的面光源发光模块，光线呈线型分布，如图 7-53 所示。色温 6500K 的冷白光经 PC 扩散柔光板导光，达到舒适的极佳照明效果。

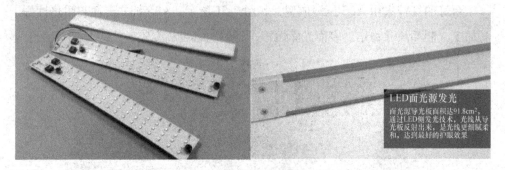

图 7-53　LED 灯珠布置效果图

四、台灯底座及按键结构与工艺

底座主要考虑灯具的牢固性和稳定性、按键的灵敏性。底座表面采用 ABS 压塑成型，表面喷砂处理，底座内部添加配重铁增加重量。按键则采用透明 PC 材料背面根据设计要求丝印相应的图标符号，如图 7-54 所示。

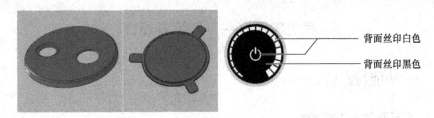

图 7-54　LED 台灯底座结构及按键工艺

五、其他部件结构与工艺

考虑台灯在工作中频繁的转动灯臂和灯杆，连接件的设计要注意阻力系数，保证长久使用过程中会保持完好的体验效果，材料选择 ABS 压塑成型，锁扣采铸铁材料，如图 7-55 所示。

图 7-55　连接件结构图

设计完成的台灯整体工艺图如图 7-56 所示。

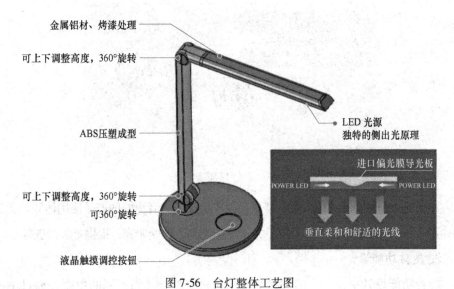

图 7-56　台灯整体工艺图

第五阶段——平面策划设计

一、功能特点提炼

1. 无与伦比的触控设计

首先需要提炼和强化的是台灯的无级触控技术，这是体现台灯特质的一个亮点。前期步骤是设计师和摄影师进行沟通，布置特定的环境和场景，选择适当的光线和拍摄的视点。拍摄好图片后用 PS 软件进行后期处理，再配合文字进行进一步的深化表达，如图 7-57 所示。

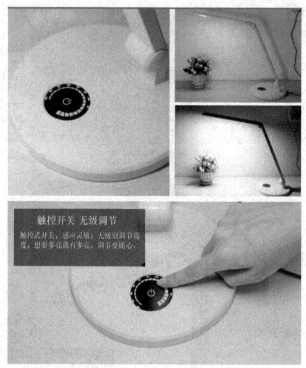

图 7-57　台灯局部摄影图一

文案部分：触控开关的设计，感应灵敏，带给消费者更好的产品使用体验。无级别调节亮度，调节起来更加得心应手，从环境光到工作照明光，提供更多的选择性。

2. 旋转功能设计

旋转功能设计也是台灯的重要卖点，可将台灯旋转到不同的角度，通过不同的视角及局部特写来表现，然后配合红色的转动符号辅助说明，这样能将旋转特点体现得非常清晰，如图 7-58 所示。

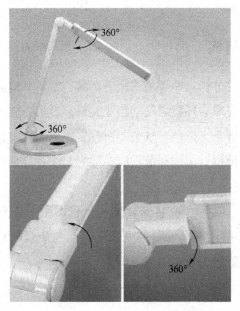

图 7-58 台灯局部摄影图二

　　文案部分：从人机工程学的角度考虑，设计了多处可活动的旋转功能，使消费者能便捷地掌控照明的高度和角度。

3. 折叠功能设计

　　渲染几张旋转台灯灯臂的效果图，然后将几张图组合在一块，并标注可旋转的方向和角度，同时拍摄一张产品完全折叠后的状态，如图 7-59 所示。

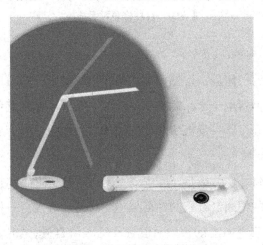

图 7-59 台灯折叠功能摄影图

文案部分：折叠功能的设计节省了大量的包装成本及运输成本，从而最终减轻消费者的负担。

二、台灯色彩提炼

色彩设计中，通过分析近两年主流家电产品、家具、灯具、服装及汽车等产品的色彩、分析产品与家居环境之间的相互关系，对消费趋势和定位人群的喜好进行预测，从而得出橙色、蓝色、红色、白色、银色和玫瑰色六种色调方案。多样化的色彩为消费者提供更多选择的空间，同时利于产品集中销售。

1. 橙色调

橙色是一种明快、热烈、温暖而欢快的色彩，在工业产品中运用的非常普遍，如图 7-60 所示的橙色灯具和椅子充满了活力与华丽的特征，橙白搭配运用在台灯上传达了一种健康而温暖的形象。

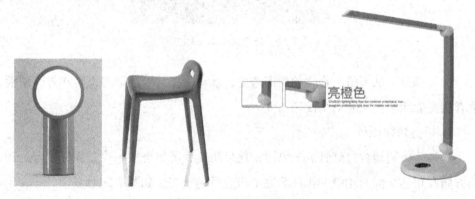

图 7-60　台灯橙色配色方案

2. 蓝色调

蓝色是一种秀丽、清新、忧郁而豁达的冷色调色彩，同时也预示着灵感和灵性。在啤酒包装、消费电子产品和紧凑型汽车中经常可见到蓝色的运用，天蓝色调的台灯让室内空间多了一层沉稳和宁静的气息，如图 7-61 所示。

3. 红色调

红色调鲜艳夺目，非常醒目，在视觉上给人一种迫近感和扩张感，容易引发兴奋、激动、紧张的情绪。红色的性格强烈、外露，饱含着一种力量和冲动，其中内涵是积极的、前进向上的，为活泼好动的人所喜爱，如图 7-62 所示。如热

图 7-61　台灯蓝色配色方案

情而欢乐的可口可乐包装、象征激情与速度的法拉利跑车，孟菲斯代表人物索特萨斯的"反机器的机器"——红色情人节打印机。红色的台灯使生活和工作环境充满热烈而奔放的气息。

图 7-62　台灯红色配色方案

4. 银色调

这里将白色到黑色的所有无色色彩称为银色调。银色象征洞察力与理性，沉稳而高贵，在家电产品中使用的频率越来越高，受到很多消费者的青睐。同时银色是沉稳之色，代表高尚、尊贵、纯洁与永恒，更重要的是银色是时尚色调，中间色的一种，极其容易搭配，如日本无印良品崇尚极简的银色。银色调中的白色台灯朴素而不失大气，简略而不失时尚、金属感十足，如图 7-63 所示。

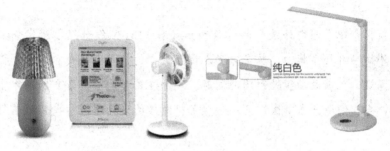

图 7-63　台灯白色配色方案

三、整体文案设计

整体文案中需要给产品提炼一个大方而高贵的名字，应果断舍弃企业以英文字母加上阿拉伯数字的传统命名方式，因为其不能反映产品的特质，会导致识别度不高，不利于后期的宣传推广。此处可吸收国内外汽车品牌的品名策划，如比较成功的有：福特毅虎、保时捷卡宴、丰田皇冠、JEEP 自由光、长城哈弗和东风景逸等。结合该灯具的特点取名"悦动"台灯，突出简洁、智能、便捷和高效的创新卖点。在产品设计描述中可从创意构思点、功能与形态、细节与质感及环保主题等方面做综合的描述，同时配上英文说明，向海外市场推广。具体文案如下：

品名："悦动"台灯

创新点：简洁、智能、便捷、高效

产品设计描述：

悦动台灯力求在形、色、质等方面体现出家居日用产品的独到特性，简洁的几何美、素雅的钛金白底盘搭配不同色系的灯杆、哑光的高质感，赋予灯具独具匠心的外观。

"悦"既能代表喜悦之悦，又能代表阅读之阅，在设计过程中强调消费者的使用体验，六档调光方式的全触摸按钮，智能、便捷、高效，让用户尽情体验阅读之乐。

"动"则代表灵动和转动。特殊的机械转轴设计不仅使灯臂从 0~150°能灵活转动，而且灯杆能完全折叠，节省后期的包装运输成本，体现环保的需求。

【项目小结】

本项目介绍了国内外著名品牌照明产品和 LED 工作台灯专题案例，通过了解国内外知名灯具品牌，尤其是时尚之都意大利的灯具产品及品牌赋予概念形象和设计风格，在满足功能性照明的同时，更加注重照明给人带来的艺术上美的享受。设计善于创造艺术氛围，还有一些可持续性的设计理念，也都很值得我们学习和借鉴。

LED 工作台灯是最常用的照明灯具，通过列举工作台灯整个设计周期的专题案例，掌握灯具产品的设计方法，熟练掌握三维模型软件操作，不断对照明灯具产品进行优化，提高实际解决问题的能力。

【思考与练习】

1. 简要列举国内外著名品牌的照明产品以及各自的设计风格和理念。
2. 简述 LED 工作台灯产品的设计步骤。
3. 简要分析 LED 台灯照明产品。
4. 简述 LED 台灯从造型元素和结构与工艺设计上如何分析，如何创新。
5. 简述 LED 台灯光源设计。

参 考 文 献

［1］ KOSHEL R J. Illumination Engineering：Design with Nonimaging Optics ［M］. New Jersey：Wiley-IEEE Press，2013.

［2］ LIU S，LUO X B. LED Packaging for Lighting Applications：Design，Manufacturing and Testing ［M］. Beijing：Chemical Industry Press，John Wiley & Sons.，2010.

［3］ 金伟其，胡威捷. 辐射度、光度与色度机器测量 ［M］. 北京：北京理工大学出版社，2006.

［4］ 陈文涛，刘登飞. LED 技术基础及封装岗位任务解析 ［M］. 武汉：华中科技大学出版社，2013.

［5］ 刘沁. 绿色照明与 LED 光源应用设计 ［M］. 北京：科学出版社，2018.

［6］ 马丽. 室内照明设计 ［M］. 北京：中国传媒大学出版社，2010.

［7］ 张航，严金华. 非成像光学设计 ［M］. 北京：科学出版社，2016.

［8］ 苏宙平. 非成像光学系统设计方法与实例 ［M］. 北京：机械工业出版社，2017.

［9］ 桂元龙，杨醇. 产品形态设计 ［M］. 北京：北京理工大学出版社，2011.

［10］ 李农. 景观照明设计与实例详解 ［M］. 北京：人民邮电出版社，2011.

［11］ 北京照明学会照明设计专业委员会. 照明设计手册 ［M］. 2 版. 北京：中国电力出版社，2006.

［12］ 夏进军. 产品形态设计 ［M］. 北京：北京理工大学出版社，2012.

［13］ 徐清涛. 灯饰设计 ［M］. 北京：高等教育出版社，2010.

［14］ 肖知明. 灯具开发设计 ［M］. 郑州：黄河水利出版社，2016.

［15］ 盛传新，王家跃. 产品创意：卫浴与灯具产品设计 ［M］. 广州：广东高等教育出版社，2015.